Excel 職場即用 255招

VBA

不會寫程式也能看懂的VBA無痛指導

ExcelHome 編著

本書範例在這裡喔！

　　本書中的重要操作教學附有範例檔案，需請讀者自行上網下載來學習，請在網頁瀏覽器（如 IE、Chrome 瀏覽器等）中輸入以下網址來下載即可。

https://goo.gl/NVRPsN

（英文字母大小寫有差異）

開啟網頁以後，請點擊右上角 ⬇ 圖示下載，並將壓縮檔以 WinRAR 等軟體解壓縮到電腦中。

將壓縮檔中的檔案解壓縮到電腦後，就可以依照章節號碼（例如 3-5-8）來開啟這些檔案來練習囉！

目錄

Part 5　執行程式的自動開關──物件的事件

Chapter 1
學好 Excel VBA 超簡單

在遍佈各行各業的 Excel 使用者中,瞭解 VBA 以及能使用 VBA 的人數卻遠遠趕不上使用 Excel 函數公式或其他功能的人數。

想一想,我們身邊的同事、朋友,又有幾個人能熟練地使用 VBA,幫助解決工作中的疑難雜症呢?很多人都這樣認為,VBA 在 Excel 中是一種難懂難學的功能,這也成為大家放棄學習和使用它的原因。

事實果真如此嗎?其實不然。VBA 並非大家想像中的那麼難,我們不需要具備任何的程式設計基礎,甚至不需要對 Excel 的其他功能作過多了解,只要能熟練地操作滑鼠、鍵盤就可以學習和使用它。

不信?那就讓我們先看一看本章的內容吧。

1-1 | 在 Excel 中重複無趣的操作

我們知道，Excel 是用於資料管理和資料分析的軟體，但什麼是資料呢？

簡單地說，在 Excel 中，所有保存在儲存格中的資訊都可以稱為資料，無論這些資訊是文字、字母、還是數字，甚至一個標點符號，都是資料。

1-1-1 在 Excel 中隨處可見的重複操作

大家在使用 Excel 工作時，重複操作應該不會少。

例如，新建一批工作表時，總是在重複「插入新工作表」→「更改工作表名稱」的操作；匯總多個活頁簿中的資料記錄時，總是在重複「打開活頁簿」→「選中資料記錄」→「執行複製命令」→「切換到目標活頁簿」→「執行貼上指令」的操作……

不但為完成一件任務會重複多次相同的操作，而且經常每隔一段時間也可能會再重複一次相同的任務。例如，人事每週或每月都要統計和匯總一次考勤，倉庫出入庫管理員每隔一段時間就要整理一次出入庫的資料，學校教師在每次考試後都要對學生成績進行各種統計和分析……

相同的目的，重複的操作，無論執行這些操作是簡單還是複雜，多次重複也的確浪費時間。

1-1-2 你都是這樣用 Excel 嗎？

很多人在使用 Excel 的時候，只是把它當成不用畫表格的 Word 來使用，因此只是簡單將想排版的東西一五一十的打進 Excel 的方格中，因此不僅不美觀，還不能重複利用，每次進行一樣的工作時，也只是替換掉格子中的內容，根本浪費了 Excel 的強大功能啊！

	A	B	C	D	E	F	G	H
1	員工編號	員工姓名	基本薪資	加班薪資	應得薪資	雜支扣除	實發金額	
2	A001	陳一	24500	1000	25500	180	25320	
3	A002	徐二	22500	1300	23800	150	23650	
4	A003	張三	28290	1300	29590	170	29420	
5	A004	李四	33600	1000	34600	135	34465	
6	A005	王五	29340	1450	30790	120	30670	
7	A006	趙六	35220	1300	36520	120	36400	
8	A007	孫七	24450	1300	25750	190	25560	
9	A008	周八	34150	1000	35150	135	35015	
10	A009	吳九	23800	1300	25100	148	24952	
11	A010	鄭十	33750	1000	34750	150	34600	

1-1 薪資表

例如在公司中每個月都會出現的薪資條，雖然只要手動將薪資表中的表頭複製並插入到每一列資料的前方，再插入空白列後整張薪資表用印表機印出剪下，就成了最陽春的薪資條囉！如圖 1-2 所示。

	A	B	C	D	E	F	G	H
1	員工編號	員工姓名	基本薪資	加班薪資	應得薪資	雜支扣除	實發金額	
2	A001	陳一	24500	1000	25500	180	25320	
3								
4	員工編號	員工姓名	基本薪資	加班薪資	應得薪資	雜支扣除	實發金額	
5	A002	徐二	22500	1300	23800	150	23650	
6								
7	員工編號	員工姓名	基本薪資	加班薪資	應得薪資	雜支扣除	實發金額	
8	A003	張三	28290	1300	29590	170	29420	
9								
10	員工編號	員工姓名	基本薪資	加班薪資	應得薪資	雜支扣除	實發金額	
11	A004	李四	33600	1000	34600	135	34465	

1-2 工作表中的薪資條

如圖 1-3 所示，不過這種薪資條用的是最笨的方法，每個月都得重複一樣的動作來花時間製作，我們可以利用 Excel VBA 來「錄下」繁瑣的手續，就不必每個月都要一直「剪下」、「貼上」、「插入」囉！

員工編號	員工姓名	基本薪資	加班薪資	應得薪資	雜支扣除	實發金額
A001	陳一	24500	1000	25500	180	25320

員工編號	員工姓名	基本薪資	加班薪資	應得薪資	雜支扣除	實發金額
A003	張三	28290	1300	29590	170	29420

1-3 列印在不同紙張的薪資條

1-2 | 用巨集幫你錄下重複工作

　　Excel 裡的這些重複操作，讓筆者想到整天都在重複著相同叫賣聲的攤販。為解決重複叫賣的喉嚨痛，聰明的攤販想到一個好辦法：先用大聲公錄下叫賣的聲音，然後按下播放按鈕，就會自動重複播放錄下的語音，攤販就有更多時間和精力去做其他事情了。

1-2-1 巨集幫你自動完成重複工作

在 Excel 中也有像大聲公一樣的好用工具，可以將重複規律的動作錄製下來，而這些被錄製的一串操作叫作「巨集」，用來錄製巨集的工具叫巨集錄製器。可以依次按一下【功能區】中的〔開發人員〕→【錄製巨集】命令來啟動巨集錄製器，如圖 1-4 所示。

1-4 啟動巨集錄製器的命令

為什麼我在「功能區」中找不到〔開發人員〕？

安裝 Excel 後，預設狀態下在「功能區」中沒有〔開發人員〕選項，你需要按照以下操作開啟：

1. 點擊功能區域左上角的〔檔案〕，開啟選單以後再點擊一下下方的【選項】，如圖 1-5 所示。

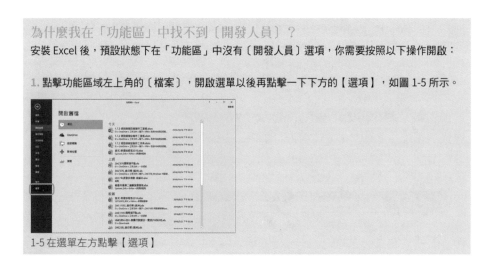

1-5 在選單左方點擊【選項】

2. 跳出「Excel 選項」對話盒以後，在右邊功能表上點擊【自訂功能區】，然後在最右邊的「自訂功能區」中點擊「開發人員」即可啟用，如圖 1-6 所示。

1-6 叫出「自訂功能區」中的「開發人員」選項

1-2-2 用巨集錄製器錄下 Excel 中的操作

下面我們就以製作薪資條為例，示範怎樣將在 Excel 中的操作錄製下來。

1. 選中薪資表的 A1 儲存格，執行〔開發人員〕→【錄製巨集】命令，叫出「錄製巨集」對話盒，如圖 1-7 所示。

1-7 叫出「錄製巨集」對話盒

2. 在「巨集名稱」中輸入巨集的名稱，以方便後面使用它，然後按一下〔確定〕按鈕，如圖 1-8 所示。

1-8 設定巨集的名稱

> 大家可以把「巨集名稱」暫時理解為 Excel 錄音的標籤。
> TIPS

3. 依次按一下〔開發人員〕→【使用相對位置錄製】命令，將引用模式切換到相對參照狀態，如圖 1-9 所示。

1-9 切換【使用相對位置錄製】

4. 我們需要執行一遍製作薪資條的步驟：

（1）在第 2 條薪資記錄前插入兩行空行，如圖 1-10 所示。

	A	B	C	D	E	F	G	H	I
				加班薪資	應得薪資	雜支扣除	實發金額		
				1000	25500	180	25320		
			22500	1300	23800	150	23650		
			28290	1300	29590	170	29420		
			33600	1000	34600	135	34465		
			29340	1450	30790	120	30670		
			35220	1300	36520	120	36400		
			24450	1300	25750	190	25560		
			34150	1000	35150	135	35015		
			23800	1300	25100	148	24952		
			33750	1000	34750	150	34600		

1-10 在第 2 條薪資記錄前插入兩行空行

（2）複製薪資表的表頭到第 2 條薪資記錄前的空行中，如圖 1-11 所示。

	A	B	C	D	E	F	G	H	I
1	員工編號	員工姓名	基本薪資	加班薪資	應得薪資	雜支扣除	實發金額		
2	A001	陳一	24500	1000			25320		
3									
4									
5	A002	徐二	22500	1300			23650		
6	A003	張三	28290	1300			29420		
7	A004	李四	33600	1000			34465		
8	A005	王五	29340	1450			30670		
9	A006	趙六	35220	1300			36400		
10	A007	孫七	24450	1300			25560		
11	A008	周八	34150	1000			35015		
12	A009	吳九	23800	1300			24952		
13	A010	鄭十	33750	1000			34600		
14									
15									
16									
17									
18									

1-11 複製薪資表頭

（3）設置兩條薪資條間空行的外框框線格式，將此行範圍反白以後點擊滑鼠右鍵，
在選單上點擊【儲存格格式】，如圖 1-12 所示。

1-12 在右鍵選單上點擊【儲存格格式】

（4）然後在跳出的「儲存格格式」對話盒中，將格子的直向框線點掉，如圖 1-13
所示。

1-13 設置空行的邊框線

5. 選中 A4 儲存格，即薪資表剩餘部分表頭的第 1 個儲存格，依次按一下〔開發人員〕→【停止錄製】命令，停止錄製操作。完成以上操作後，製作薪資條的操作就被 Excel 錄製下來了。

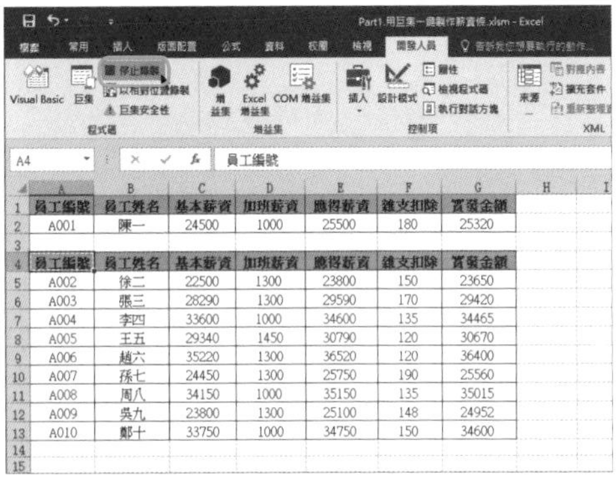

1-14 停止錄製巨集

> **TIPS** 發現了嗎？【錄製巨集】和【停止錄製】命令共用一個按鈕，當 Excel 正在錄製使用者的操作時，該按鈕顯示的是「停止錄製」，反之顯示的是「錄製巨集」，大家可以通過該按鈕的狀態判斷 Excel 是否正在錄製用戶的操作。

1-2-3 再次「播放」巨集的操作

被錄製下的操作，就像被錄下的影片或聲音，只要「播放」它，就可以讓巨集錄下的操作自動執行一遍，執行巨集的步驟如下：

1. 選中 A4 儲存格，依次按一下〔開發人員〕→【巨集】命令，叫出「巨集」對話盒，如圖 1-15 所示。

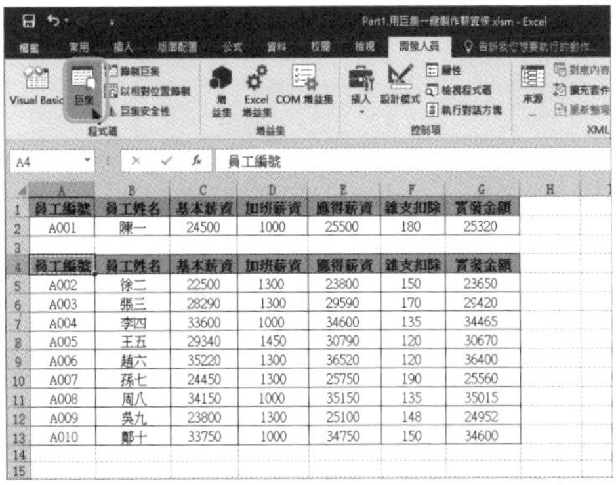

1-15 按一下工具列上的〔開發人員〕→【巨集】

2. 在該對話盒的「巨集名稱」清單中選擇要執行的巨集，按一下〔執行〕按鈕，就可以看到 Excel 執行巨集所得到的結果了，如圖 1-16 所示。

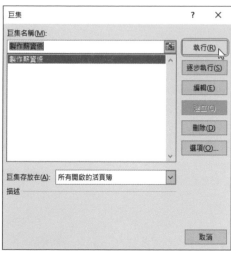

1-16 叫出「巨集」對話盒

3. 如果要繼續插入新的工資表頭，在未執行其他操作的前提下，只需重複之前的操作，繼續執行巨集就可以了，如圖 1-17 所示。

	A	B	C	D	E	F	G	H	I
1	員工編號	員工姓名	基本薪資	加班薪資	應得薪資	雜支扣除	實發金額		
2	A001	陳一	24500	1000	25500	180	25320		
3									
4	員工編號	員工姓名	基本薪資	加班薪資	應得薪資	雜支扣除	實發金額		
5	A002	徐二	22500	1300	23800	150	23650		
6									
7	員工編號	員工姓名	基本薪資	加班薪資	應得薪資	雜支扣除	實發金額		
8	A003	張三	28290	1300	29590	170	29420		
9	A004	李四	33600	1000	34600	135	34465		
10	A005	王五	29340	1450	30790	120	30670		
11	A006	趙六	35220	1300	36520	120	36400		
12	A007	孫七	24450	1300	25750	190	25560		
13	A008	周八	34150	1000	35150	135	35015		
14	A009	吳九	23800	1300	25100	148	24952		
15	A010	鄭十	33750	1000	34750	150	34600		
16									
17									

1-17 執行巨集後的結果

1-3 | 用更快捷的方式執行巨集

　　「巨集」對話盒中的〔執行〕按鈕，就像答錄機上的播放按鍵，是播放指定操作集的一個開關。無論這個操作集有多少步驟，只要按一下開關，Excel 就會完整地將其重現一遍。如果需要重複多次執行一個巨集，使用功能區命令的方法的確不夠快捷。這時大家可以選擇使用其他方法執行巨集。

1-3-1 一鍵執行複雜巨集

如果設置了執行巨集的快速鍵，就可以通過快速鍵來執行它。

1. 錄製巨集前，可以在【錄製巨集】對話盒中設置執行巨集的快速鍵，方法如圖 1-18 所示。

1-18 錄製巨集前幫巨集設置快速鍵

> **TIPS** 在這裡設置執行巨集的快速鍵。如果按住〔Shift〕鍵後再輸入字母，可以將快速鍵設置為〔Ctrl〕+〔Shift〕+〔字母〕的組合鍵。

2. 也可以在錄製巨集後，叫出【巨集】對話盒，在該對話盒中進行設置，如圖 1-19 所示。幫巨集設定快速鍵後，只要按下相應的快速鍵就能執行這個巨集了。

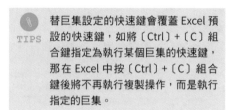

替巨集設定的快速鍵會覆蓋 Excel 預設的快速鍵，如將〔Ctrl〕+〔C〕組合鍵指定為執行某個巨集的快速鍵，那在 Excel 中按〔Ctrl〕+〔C〕組合鍵後將不再執行複製操作，而是執行指定的巨集。

1-19 設置執行巨集的快速鍵為〔Ctrl〕+〔R〕

1-3-2 按下按鈕就能自動執行

這個巨集的快速鍵是多少？怎麼一時想不起來了？不易記憶，不易上手，更不便和其他人共用同一個巨集……這些都是使用快速鍵執行巨集的缺點。如果有一支遙控器能控制巨集，那該多好，我們也可以在 Excel 中畫一個類似的遙控器，透過這些按鈕來執行錄製下來的巨集。設置的步驟如下：

1. 依次按一下〔開發人員〕→【插入】→〔按鈕（表單控制項）〕按鈕，選擇要在工作表中插入的控制項，如圖 1-20 所示。

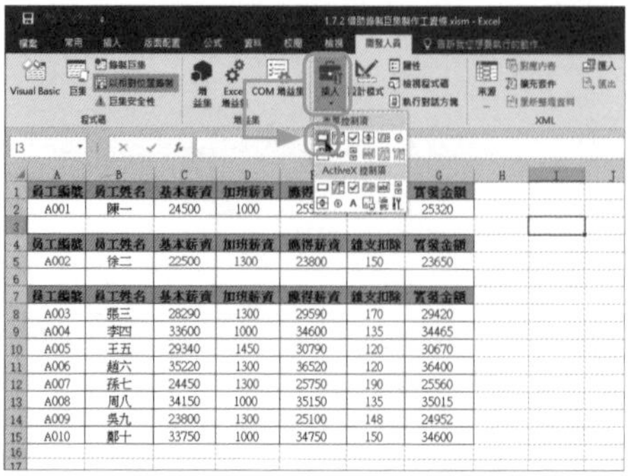

1-20 選擇要在工作表中插入的控制項

2. 使用滑鼠在工作表中繪製一個按鈕。完成後，在鬆開滑鼠左鍵後 Excel 自動彈出的「指定巨集」對話盒中，選擇按一下該按鈕要執行的巨集，按一下〔確定〕按鈕，如圖 1-21 所示。

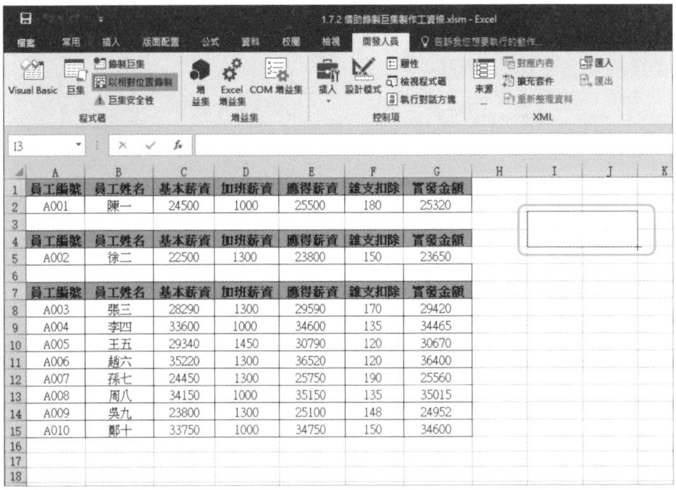

1-21 添加按鈕並將巨集指定給按鈕

3. 如果添加按鈕時未給按鈕指定巨集，可以用滑鼠按右鍵按鈕，在右鍵功能表中按一下【指定巨集】命令，叫出【指定巨集】對話盒，在其中重新為按鈕指定巨集，如圖 1-22 所示。

1-22 叫出「指定巨集」對話盒

4. 設置完成後，按一下按鈕即可執行指定給該按鈕的巨集，如圖 1-23 所示。

	A	B	C	D	E	F	G	H	I	J
1	員工編號	員工姓名	基本薪資	加班薪資	應得薪資	雜支扣除	實發金額			
2	A001	陳一	24500	1000	25500	180	25320			
3										
4	員工編號	員工姓名	基本薪資	加班薪資	應得薪資	雜支扣除	實發金額		按鈕 1	
5	A002	徐二	22500	1300	23800	150	23650			
6										
7	員工編號	員工姓名	基本薪資	加班薪資	應得薪資	雜支扣除	實發金額			
8	A003	張三	28290	1300	29590	170	29420			
9	A004	李四	33600	1000	34600	135	34465			
10	A005	王五	29340	1450	30790	120	30670			
11	A006	趙六	35220	1300	36520	120	36400			
12	A007	孫七	24450	1300	25750	190	25560			
13	A008	周八	34150	1000	35150	135	35015			
14	A009	吳九	23800	1300	25100	148	24952			
15	A010	鄭十	33750	1000	34750	150	34600			
16										
17										

1-23 按一下按鈕執行巨集

TIPS 無論用什麼方法執行巨集，開始前都應選中薪資條表頭的第 1 個儲存格，這一步很關鍵。

5. 為清楚地標明按鈕的具體用途，可以像遙控器一樣，幫按鈕加上標籤文字，如圖 1-24 所示。

	A	B	C	D	E	F	G	H	I	J	K
1	員工編號	員工姓名	基本薪資	加班薪資	應得薪資	雜支扣除	實發金額				
2	A001	陳一	24500	1000	25500	180	25320				
3											
4	員工編號	員工姓名	基本薪資	加班薪資	應得薪資	雜支扣除	實發金額		按下產生薪資條		
5	A002	徐二	22500	1300	23800	150	23650				
6											
7	員工編號	員工姓名	基本薪資	加班薪資	應得薪資	雜支扣除	實發金額				
8	A003	張三	28290	1300	29590	170	29420				
9	A004	李四	33600	1000	34600	135	34465				
10	A005	王五	29340	1450	30790	120	30670				
11	A006	趙六	35220	1300	36520	120	36400				
12	A007	孫七	24450	1300	25750	190	25560				
13	A008	周八	34150	1000	35150	135	35015				
14	A009	吳九	23800	1300	25100	148	24952				
15	A010	鄭十	33750	1000	34750	150	34600				
16											
17											
18											
19											
20											

1-24 更改標籤後的按鈕

TIPS 用滑鼠按右鍵按鈕，當按鈕呈編輯狀態時，用滑鼠左鍵按一下按鈕表面，即可更改按鈕上的標籤文字。

薪資條製作好了嗎？這就是使用 VBA 在 Excel 中解決問題的例子，VBA 不難學吧！對了，這只是最簡單的應用，後面還會教大家，怎樣讓這個巨集的功能更強大。

1-4 | 剛錄好的巨集為什麼不能執行？

　　不允許執行檔中的巨集，是因為 Excel 不知道這個巨集要執行什麼操作，這些操作是否惡意操作。為了防止可能存在的惡意程式碼對電腦或檔造成損壞，Excel 預設不允許執行檔中保存的巨集。如果檔中包含巨集，Excel 會在打開檔案時提示我們。

| 1-4-1 外來巨集不能直接執行

1. 有時，當我們試圖執行一個巨集時，會發現執行失敗，只能看到圖 1-25 所示的對話盒。

▲	A	B	C	D	E	F	G	H	I	J	K
1	員工編號	員工姓名	基本薪資	加班薪資	應得薪資	雜支扣除	實發金額				
2	A001	陳一	24500	1000	25500	180	25320				
3									按下產生薪資條		
4	員工編號	員工姓名	基本薪資	加班薪資	應得薪資	雜支扣除	實發金額				
5	A002	徐二	22500	1300	23800	150	23650				
6											
7											
8											
9											
10											
11											
12	A007	孫七	24450	1300	25750	190	25560				
13	A008	周八	34150	1000	35150	135	35015				
14	A009	吳九	23800	1300	25100	148	24952				
15	A010	鄭十	33750	1000	34750	150	34600				
16											
17											
18											

Microsoft Excel ✕

⚠ 無法執行巨集 "Part1.用巨集一鍵製作薪資條 - 複製 (2).xlsm'!一鍵製作薪資條"。該巨集可能無法在此活頁簿中使用，或者已停用所有巨集。

確定

1-25 禁用巨集時跳出的對話盒

2. 如果你知道檔中巨集的來源，並且確認這些巨集是安全的，不存在惡意程式碼，可以按一下〔啟用內容〕按鈕，這樣就可以執行檔中保存的巨集了，如圖 1-26 所示。

⚠ 安全性警告	已經停用巨集。	啟用內容		

K8	⋮	× ✓ fx		

▲	A	B	C	D	E
1	員工編號	員工姓名	基本薪資	加班薪資	應得薪資
2	A001	陳一	24500	1000	25500
3					
4	員工編號	員工姓名	基本薪資	加班薪資	應得薪資
5	A002	徐二	22500	1300	23800
6					
7	員工編號	員工姓名	基本薪資	加班薪資	應得薪資
8	A003	張三	28290	1300	29590
9	A004	李四	33600	1000	34600
10	A005	王五	29340	1450	30790

1-26 打開保存有巨集的檔案時 Excel 的提示

1-4-2 允許執行所有巨集

如果希望打開檔案時，由使用者選擇是否允許執行巨集，或者無需選擇直接允許執行檔中的所有巨集，可以執行〔開發人員〕→【巨集安全性】命令，叫出「信任中心」對話盒，在其中修改巨集安全性，如圖 1-27 所示。對話盒中共有 4 個可選項目，大家可以根據實際需求進行設置。

信任中心	
受信任的發行者	巨集設定
信任位置	○ 停用所有巨集 (不事先通知)(L)
信任的文件	● 停用所有巨集 (事先通知)(D)
受信任的增益集目錄	○ 除了經數位簽章的巨集外，停用所有巨集(G)
增益集	○ 啟用所有巨集 (不建議使用；會執行有潛在危險的程式碼)(E)
ActiveX 設定	
巨集設定	開發人員巨集設定
受保護的檢視	☐ 信任存取 VBA 專案物件模型(V)
訊息列	
外部內容	
檔案封鎖設定	
隱私選項	

1-27 設定巨集安全性

 TIPS 如果選擇對話盒中的「啟用所有巨集」選項，打開 Excel 檔案時，無論其中是否保存有巨集，這些巨集是否含有惡意程式碼，Excel 都不會跳出任何提示，並直接啟用這些巨集。但如果這些巨集中含有惡意程式碼，這樣做是非常危險的，筆者建議大家不要選擇該選項。

1-5 │ 巨集錄下的東西長什麼樣？

　　用相機可以拍下一個場景，將其存為圖片文件；用攝影機可以錄下一段影片，將其存為影片檔；用答錄機可以錄下一段聲音，將其存為音訊檔……

　　Excel 將錄製的巨集存儲為什麼？它是靠什麼記錄下我們在 Excel 中的各種操作的呢？讓我們接下來來揭開巨集的神秘面紗吧！

│ 1-5-1 巨集就是 Excel 的程式碼

想查看巨集的真實面目，可以執行〔開發人員〕→【巨集】命令，打開「巨集」對話盒，然後單擊「巨集」對話盒中的〔編輯〕按鈕，如圖 1-28 所示。

1-28

這些就是「製作薪資條」這個巨集的內容，是 Excel 用來記錄各種操作的程式碼。Excel 將錄下的操作保存為不同的程式碼，巨集也是通過執行這些程式碼來操作和控制 Excel 的。

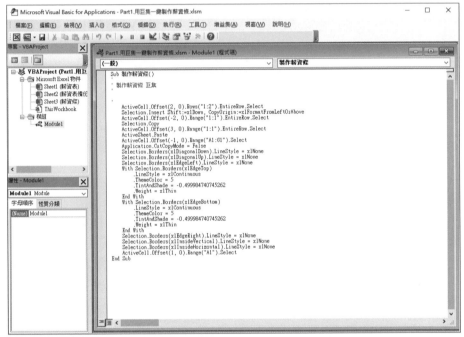

1-29 查看巨集的內容

1-5-2 學習 VBA 就是學習控制操作 Excel

Excel 將錄下的操作保存為程式碼，當執行巨集時，實際就是執行這些組成巨集的程式碼。程式碼不同，執行的操作就不同，能完成的任務也不相同。如果修改組成巨集的程式碼，就修改了這個巨集能執行的操作。

學習編寫能控制和操作 Excel 的程式碼，就是學習 VBA 的目的。如果知道解決一個問題所需的程式碼是什麼，只要將這些程式碼編寫出來，再執行這些程式碼組成的巨集，不就可以控制和操作 Excel 了嗎？

1-6 | 用 VBA 告訴 Excel 該做什麼

1-6-1 用巨集跟 Excel「溝通」

如果想在 Sheet1 工作表的 A1 儲存格中輸入一個數值「100」，通常我們是這樣做的：

啟動 Sheet1 工作表 → 選中 A1 儲存格 → 用鍵盤輸入數值「100」→ 按〔Enter〕鍵。

我們通過這一連串的操作告訴 Excel 要做什麼，要達到什麼目的。Excel 在收到這些操作命令後，再將這些操作翻譯成電腦的「語言」告訴電腦，讓電腦完成相應的計算和處理，再將結果給我們。

在 Excel 中用巨集錄製器錄製下的巨集，就是用電腦的一種語言編寫的程式碼，執行巨集，也就是將這些程式碼包含的資訊告訴電腦，讓電腦完成程式碼中記錄的操作和計算。

1-6-2 VBA 也是一種程式設計語言

VBA 只是一個名字，一種程式設計語言的名字。如果要說得專業點，VBA 就是「Visual Basic For Applications」的簡稱，它是微軟公司開發，建立在 Office 中的一種應用程式開發工具。

在 Excel 中，可以利用 VBA 有效地擴展 Excel 的功能，設計和構建人機交互介面，打造自己的管理系統，說明 Excel 使用者更有效地完成一些基礎操作、函數公式等很難完成或者不能完成的任務。

要熟練地用程式碼控制和操作 Excel，首先得掌握 VBA 這門電腦程式設計語言，能將自己的意圖寫成 VBA 程式碼，告訴 Excel。

但大家不必擔心，學習 VBA 語言，遠遠沒有你學習英語那麼難，雖然這兩種語言的文字都是字母，但大家千萬不要有「字母恐懼症」。

1-7 | 巨集可以錄，為什麼還要手動寫？

1-7-1 錄製的巨集，不能解決所有問題

雖然巨集錄製器能將在 Excel 中的操作「翻譯」成 VBA 程式碼，但如果要使用這種方式獲得 VBA 程式碼，我們也必須將對應的操作在 Excel 中至少執行一遍。

某些任務，單純使用錄製巨集並執行巨集的方式是不能完成的，如 1-2-2 小節中錄製的巨集，每執行一次，就只能製作一條薪資條，但這與要完成的終極任務還相差甚遠。更何況，巨集錄製器並不能將所有的操作或計算都準確地「翻譯」成 VBA 程式碼，很顯然，只使用錄製巨集並不能解決所有的問題。

1-7-2 動點小手腳讓巨集變強大

用答錄機錄下的聲音，只要設置迴圈播放，便能一遍又一遍地將其重複播放出來。錄製下的聲音可以迴圈播放，在 Excel 中錄製下的巨集也可以迴圈執行。想讓巨集能迴圈執行，得先對它作一點簡單的修改。

如果工作表中有若干條薪資記錄，希望只按一下一次按鈕，就能完成所有薪資條的製作任務，只需對錄下的巨集做一點修改：

1-30 叫出保存巨集程式碼的視窗

1. 依次執行〔開發人員〕→【巨集】命令，叫出「巨集」對話盒，按一下對話盒中的〔編輯〕按鈕，叫出保存巨集程式碼的視窗，如圖 1-30 所示。

2. 在第 1 行程式碼「Sub 製作薪資條 ()」的後面添加兩行新程式碼：

```
Dim i As Long

For i = 2 To Range("A1").CurrentRegion.Rows.Count - 1
```

在最後一行程式碼「End Sub」的前面添加一行程式碼：

```
Next
```

1-31 修改後的巨集代碼

3. 關閉保存程式碼的視窗，返回 Excel 介面，重新執行巨集。

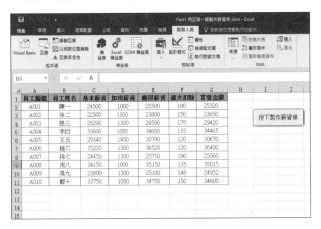

4. 巨集就能將薪資表中的所有薪資記錄製成薪資條了，如圖 1-33 所示。

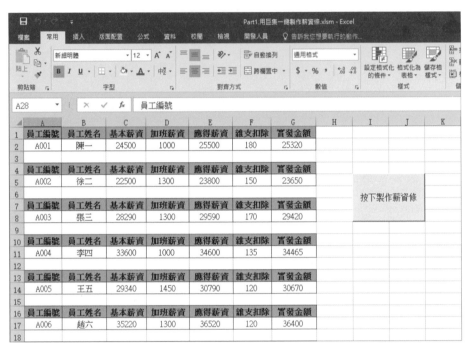

1-33 一次生成所有薪資條

1-7-3 自己的巨集自己寫，讓功能更靈活

不管大家現在是否知道應該怎樣修改和使用錄製下來的巨集，但從前面的例子中，應該感受到修改前和修改後的巨集在工作效率上的差別了吧。

事實上，錄製巨集只是 VBA 應用的冰山一角。VBA 是程式設計語言，錄製的巨集只是按 VBA 語言的規則，記錄下使用者操作的程式碼。但錄製的巨集，只能完整地再現曾經的操作過程，正因為如此，錄製的巨集存在許多的缺陷，如無法進行判斷和迴圈、不能顯示使用者表單、不能進行人機交互……這就意味著，要打破這些局限並讓 VBA 程式更加自動化和智慧化，僅僅掌握錄製和執行巨集的本領是遠遠不夠的，還需要掌握 VBA 程式設計的方法，能根據需求自動編寫 VBA 程式。

Chapter 2
動手寫出第一個 VBA 程式

俗話說：工欲善其事，必先利其器。也就是說，要做好一件事情，準備工作非常
重要。學習和使用 VBA 當然也不例外，應該在哪裡編寫 VBA 程式？用什麼工具來
編寫 VBA 程式⋯⋯為了以後能熟練地在 Excel 中使用 VBA 撰寫程式，認識和瞭解
VBA 的程式設計工具一定是必不可少的。

本章就讓我們先來認識，並學習怎樣使用 VBA 的程式設計工具來編寫 VBA 程式。
準備好了嗎？那就開始吧！

2-1 | 應該在哪裡編寫 VBA 程式

在 Excel 中使用巨集錄製器錄下的巨集，其實就是一個 VBA 程式。要使用 VBA 程式設計，首先得知道 VBA 程式保存在哪裡，應該在哪裡編寫程式。既然巨集就是 VBA 程式，那巨集保存在哪裡，就可以將 VBA 程式寫在哪裡。

叫出「巨集」對話盒，在「巨集名稱」清單中選中巨集的名稱，按一下對話盒中的〔編輯〕按鈕，即可看到錄製的巨集程式碼，如圖 2-1 所示。

2-1 按一下「巨集」對話盒中的〔編輯〕按鈕

叫出的視窗，稱為 VBE 視窗（VBE 的全稱為 Visual Basic Editor），VBE 就是編寫 VBA 程式的工具，要在 Excel 中編寫 VBA 程式，就得先叫出這個視窗。編輯、修改、保存 VBA 程式碼，都在這個視窗中進行。

2-1A 查看錄製巨集得到的程式碼

2-2 | 瞭解 VBA 的設計工具— VBE

VBE（Visual Basic Editor）是編輯 VBA 程式碼的工具介面，不論是你想修改錄下的 VBA 動作，還是直接編寫程式碼，都需要用到 VBE 喔，接下來我們來認識如何開啟 VBE 及 VBE 的介面功能如何使用。

2-2-1 可以用哪些方法打開 VBE 視窗

要進入 VBE，首先應啟動 Excel 程式。啟動 Excel 後，可以使用下面的任意一種方法進入 VBE。

■方法一：在 Excel 視窗中按〔Alt〕+〔F11〕複合鍵，如圖 2-2 所示。

2-2 透過快捷鍵打開 VBE 視窗

■方法二：點擊〔開發人員〕→【Visual Basic】指令，如圖 2-3 所示。

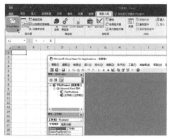

2-3 透過功能表上的指令叫出 VBE 視窗

■方法三：執行〔開發人員〕→【檢視程式碼】命令，如圖 2-4 所示。

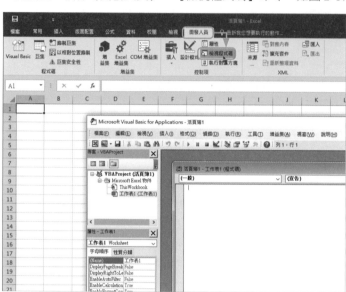

2-4 從〔開發人員〕工具列中叫出 VBE 視窗

■方法四：用滑鼠按右鍵工作表標籤，執行右鍵功能表中的【檢視程式碼】指令，如圖 2-5 所示。

6	A005	王五	29340	1450	30790	120	30670				
7	A006	趙六	35220	1300	36520	120	36400				
8	A007	孫七	24450	1300	25750	190	25560				
9	A008	周八	34150	1000	35150	135	35015				
10	A009	吳九	23800	1300	25100	148	24952				
11	A010	鄭十	33750	1000	34750	150	34600				
12											
13											
14											
15											
16											
17											
18				插入(I)...							
19				刪除(D)							
20				重新命名(R)							
21				移動或複製(M)...							
22											
23				檢視程式碼(V)							
24				保護工作表(P)...							
25				索引標籤色彩(T)	▶						
26				隱藏(H)							
27				取消隱藏(U)...							
28				選取所有工作表(S)							
29											
30											

2-5 用右鍵選單開啟 VBE 視窗

■方法五：如果工作表中包含 ActiveX 控制項，用滑鼠按右鍵該控制項，在右鍵功能表中選擇【檢視程式碼】命令（或按兩下該控制項），如圖 2-6 所示。

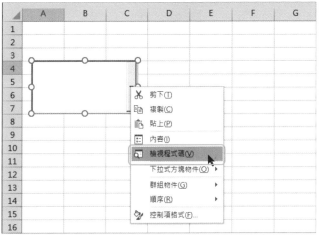

2-6 利用控制項打開 VBE 視窗

2-2-2 VBE 視窗介面報你知

1．主視窗

進入 VBE 後，首先看到的就是 VBE 的主視窗。預設情況下，在主視窗中能看到「專案總管」、「屬性視窗」、「程式碼視窗」、「即時運算視窗」、「選單列」和「工具列」，如圖 2-7 所示。

2-7 VBE 的主視窗

2・選單列

VBE 的「選單列」中包含了 VBE 的各種元件的命令，按一下某個功能表名稱，即可叫出該選單包含的所有命令，如圖 2-8 所示。

2-8 VBE 中的【檢視】功能表

3・工具列

預設情況下，「工具列」位於「選單列」的下面，可以在【檢視】→「工具列」功能表中叫出或隱藏某個工具列，如圖 2-9 所示。看到了嗎？ VBE 中的工具列不止一個。

2-9 顯示或隱藏 VBE 的「工具列」

4．專案總管

「專案總管」就是管理專案資源的地方，在其中可以看見所有打開的 Excel 工作表和載入的增益集。

在 Excel 中，一個工作表就是一個專案，專案名稱為「VBAProject（活頁簿名稱）」，一個專案最多可以包含四類物件：Microsoft Excel 物件（包括工作表物件和 ThisWorkbook 物件）、表單、模組和物件類別模組，如圖 2-10 所示。

■「VBAProject（活頁簿 1）」是專案名稱。
■表單物件：用戶自訂的對話盒或操作介面。
■物件類別模組：用於建立的類或對象。
■ Excel 對象：包括工作表物件和工作表物件。
■模組物件：用來保存 VBA 程式碼的地方。錄製的巨集就是保存在模組中，通常，我們也將自行編寫的程式保存在模組中。

2-10「專案總管」中的各種物件

> 並不是所有專案中都包含四類對象，新建的 Excel 檔就只有 Excel 對象，其他物件都是自
> TIPS　己插入的。

5 · 屬性視窗

「屬性視窗」是查看或設置物件屬性的地方，想修改控制項的名稱、顏色、位置等資訊，都可以在「屬性視窗」中設置，如圖 2-11 所示。

2-11 從「屬性視窗」修改物件屬性

6 · 程式碼視窗

「程式碼視窗」是編輯和顯示 VBA 程式碼的地方，包含【物件清單方塊】【事件清單方塊】【邊界標識條】【程式碼編輯區】【程序分隔線】和【視圖按鈕】等，如圖 2-12 所示。

2-12 「程式碼視窗」的組成

「專案總管」中的每個物件都擁有自己的「程式碼視窗」，也就是說，「專案總管」中的每個物件都可以保存編寫的 VBA 程式碼。

如果想將程式寫在某個物件中，首先在「專案總管」中按兩下該物件，打開它的【程式碼視窗】，反過來，如果想查看某個物件中保存的程式，也應先叫出它的「程式碼視窗」。

儘管如此，但並不是將程式保存在任意物件中都可以正常執行，不同物件能保存什麼類型的 VBA 程式，隨著後面章節的學習，大家就知道了。

TIPS

7 · 即時運算視窗

「即時運算視窗」是一個可以即時執行程式碼的地方，就像以前的 DOS 操作介面。
直接輸入 VBA 命令，按〔Enter〕鍵後就可以看到該命令執行後的結果，如圖 2-13 所示。

```
Range("A1:B10").Value = "Excel VBA"
```

這行程式碼的作用是在活動工作表的 A1:B10 中輸入「Excel VBA」。

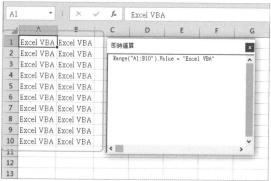

2-13 使用「即時運算視窗」執行 VBA 命令

「即時運算視窗」一個很重要的用途是測試程式碼，大家可以在章節 7-3-4 中瞭解相
關的用法。

如果打開 VBE 後，主視窗中沒有顯示本節中介紹的工具列或視窗，可以按一下功能表上【檢視】
→【即時運算視窗】，或按〔Ctrl〕+〔G〕組合鍵叫出，如圖 2-14 所示。

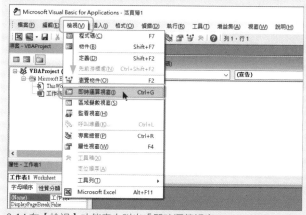

2-14 在【檢視】功能表中叫出「即時運算視窗」

2-3 | 怎樣在 VBE 中編寫 VBA 程序

　　我們在之前用過「錄製」的方式來編寫 VBA，不過這並不足夠，VBA 的功能非常強大，透過編寫程式碼的方式來建立才能展現它的功力，讓我們開始編寫一個 VBA 程序來試試看吧！

2-3-1 VBA 程序就是完成一個任務所需的一組程式碼

用 VBA 程式碼把完成一個任務所需要的操作和計算羅列出來，就得到一個 VBA 程式。在 VBA 中，將這些程式碼組成的程式稱為「程序」。要解決的任務不同，所編寫程序包含的程式碼也就不同。

一個 VBA 程序可以執行任意多的操作，可以包含任意多的程式碼。

在本書中，我們只介紹 Sub 程序和 Function 程序這兩種 VBA 程式，第 1 章中錄製的巨集就是 Sub 程序。

2-3-2 看看 VBA 程序都長什麼樣

既然錄製的巨集就是一個 Sub 程序，那就讓我們隨便錄幾個巨集，透過對比看看它們有什麼共同的地方，如圖 2-15 所示。

2-15 「程式碼視窗」中的多個巨集

發現了嗎？無論巨集錄下的是什麼操作，得到的都是以「Sub 巨集名」開頭，以「End Sub」結尾的一串程式碼。在這兩行程式碼之間，包括綠色的說明文字及記錄各種操作和計算的程式碼，如圖 2-16 所示。

2-16 錄製巨集得到的 VBA 程式

2-3-3 動手編寫一個 VBA 程式

巨集是 VBA 中的 Sub 程序，要編寫 Sub 程序，是否只要將其寫成巨集的樣子就可以了？的確如此，要編寫 Sub 程序，只需將希望執行的操作或計算寫成 VBA 程式碼，放在開始語句「Sub 程序名稱 ()」結束語句「End Sub」之間即可。

下面我們就一起來編寫一個 Sub 程序，讓程式執行後，能顯示一個對話盒。

1 · 添加一個模組，用來保存 VBA 程式碼
■方法一：在 VBE 視窗中依次執行【插入】→【模組】命令，即可插入一個模組物件，如圖 2-17 所示。

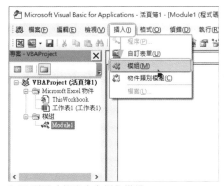

2-17 利用功能表命令插入模組

如果選擇執行該功能表中的【使用者表單】命令，將會插入一個表單物件。
TIPS

■方法二：在「專案總管」中的空白處按一下滑鼠右鍵，依次選擇【插入】→【模組】命令，即可插入一個模組物件，如圖 2-18 所示。

2-18 利用右鍵功能表插入模組

2・動手編寫 Sub 程序

首先，在「專案總管」中按兩下新插入的模組，打開該模組的「程式碼視窗」，然後依次執行【插入】→【程序】命令，叫出「新增程序」對話盒，如圖 2-19 所示。

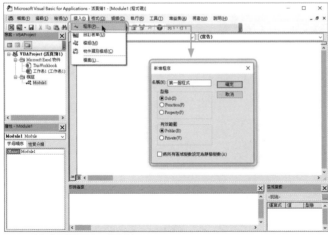

2-19 叫出「新增程序」對話盒

其次,在「新增程序」對話盒中設置程序名稱等資訊,按一下〔確定〕按鈕,在「程式碼視窗」中插入一個只包含開始語句和結束語句的空程序,如圖 2-20 所示。

2-20 在「程式碼視窗」中插入的空程序

最後,將要執行的程式碼寫到上面兩行程式碼的中間,如圖 2-21 所示。完成以上步驟後,一個 Sub 程序就編寫好了。也可以在「程式碼視窗」中手動輸入這些程式碼。

MsgBox " 這是我寫的第一個 VBA 程式 "

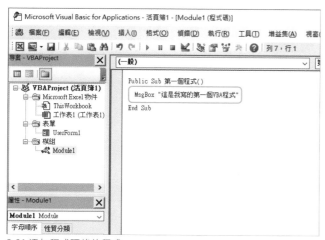

2-21 添加程式碼後的程式

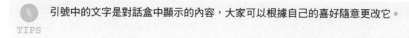

引號中的文字是對話盒中顯示的內容,大家可以根據自己的喜好隨意更改它。

TIPS

3 · 執行手動編寫的 VBA 程式

Sub 程序編寫好了，只要將滑鼠游標定位到程式中的任意位置，依次執行【執行】→【執行 Sub 或 Userform】命令（或按〔F5〕鍵）即可執行它，如圖 2-22 所示，這個對話盒就是執行程式中的程式碼建立的。

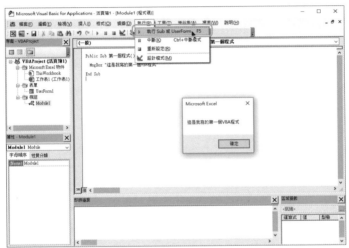

2-22 執行編寫的 VBA 程式

當然，也可以用第 1 章中介紹的執行巨集的方法來執行這個 Sub 程序。好了，使用 Excel VBA 程式設計的基本步驟就是這樣，沒大家想像的那麼複雜吧？

2-23 用按鈕執行 VBA 程式

Chapter 3
VBA 程序的語法規則

廚師做菜有做菜的正確方法，炒一盤菜放一包鹽肯定過鹹。司機開車有應該遵守的
規則，紅燈亮了不停車會違反交通規則。踢足球不能用手，打籃球不能用腳。

想使用 VBA 編寫程式，也應遵循 VBA 的語法規則。本章就讓我們一起來看看，在
Excel 中，應該怎樣使用 VBA 來和電腦溝通吧。

3-1 │ 語法，就是語言表達時應遵循的規則

「雞蛋煎的媽媽真好吃。」好厲害的雞蛋，居然把媽媽煎了！！不懂語法真可怕啊，那什麼是語法呢？語法就是說話的方法，語言表達應該遵循的法則。語法告訴我們：媽媽可以煎雞蛋，但雞蛋煎不了媽媽。不會語法，不按正確的語法規則與人交流，勢必會造成溝通障礙。

3-1-1 VBA 也是程式設計語言，當然有語法

用 VBA 編寫一個程式，就像寫一篇作文，不遵循語法規則，電腦一定「聽不懂」我們在說什麼，也一定不會按我們的意圖去完成各種操作和計算。

作為人類與電腦交流的一種語言，在 VBA 中，活頁簿應該怎麼稱呼，工作表應該怎麼表示，都是有規定的。所以學習 VBA，首先應該瞭解 VBA 語句的表達方式，只有這樣，才能讀懂 VBA 程式碼，並將自己的意圖編寫成程式碼，和電腦溝通交流。

3-1-2 沒想到，VBA 語法這麼簡單

要學習 VBA，學習其語法是一個必須的程序，就像練習武功前先要日日夜夜地紮馬步，練習唱歌前要天天早上吊嗓子。或許這樣的程序對一部分人來說是枯燥無味的，但同時它也是必須經歷的。

那麼，VBA 語法難學嗎？

對很多一提到「語法」二字就頭痛的人，這是最擔心的一個問題。但是別擔心，VBA 語言不同於中文、英語之類的人類語言，其語法也遠遠沒有人類語言的語法那麼複雜。只要認真瞭解資料類型、常數和變數、物件、運算子、常用的語句結構等知識後，就可以動手編寫 VBA 程式碼了。

學習 VBA 語法究竟難不難，就看你是否能戰勝自己對語法的恐懼心理。

3-2 VBA 中的資料及資料類型

我們知道，Excel 是用於資料管理和資料分析的軟體，但什麼是資料呢？簡單地說，在 Excel 中，所有保存在儲存格中的資訊都可以稱為資料，無論這些資訊是文字、字母，還是數字，甚至一個標點符號，都是資料。

3-2-1 資料就是保存在儲存格中的資訊

在圖 3-1 中，你能看到的所有資訊，如員工編號、姓名、部門、身份證字號……都是資料，都是可以用 Excel 處理和分析的物件。一個儲存格中保存的內容，就可以看成是一個資料。

	A	B	C	D	E	F	G	H
1	員工編號	員工姓名	基本薪資	加班薪資	應得薪資	雜支扣除	實發金額	
2	A001	陳一	24500	1000	25500	180	25320	
3	A002	徐二	22500	1300	23800	150	23650	
4	A003	張三	28290	1300	29590	170	29420	
5	A004	李四	33600	1000	34600	135	34465	
6	A005	王五	29340	1450	30790	120	30670	
7	A006	趙六	35220	1300	36520	120	36400	
8	A007	孫七	24450	1300	25750	190	25560	
9	A008	周八	34150	1000	35150	135	35015	
10	A009	吳九	23800	1300	25100	148	24952	
11	A010	鄭十	33750	1000	34750	150	34600	
12								
13								
14								
15								
16								
17								
18								
19								

3-1 Excel 中的資料

3-2-2 資料類型，就是對同一類資料的統稱

提到資料，就不得不提另一個概念：資料類型。

正如前面所說，在 Excel 中，保存在儲存格中的資料都可以稱為資料。不同的工作表，保存的資料及資料量不盡相同。

保存的資料雖然多，但不同的資料之間，很多都存在一些共同的特徵，如圖 3-2 所示。

3-2 不同資料之間的共同特徵

需要處理的資料很多，為了便於管理，Excel 會根據資料之間存在的共同特徵，對資料進行分類，如圖 3-3 所示。

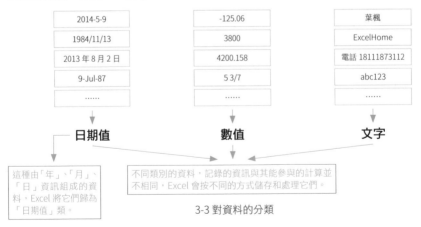

3-3 對資料的分類

在 Excel 的世界裡，資料只有文字、數值、日期值、邏輯值、錯誤值 5 種類型（事實上，日期值也屬於數值）。

對不同類型的資料，Excel 會按不同的方式保存它們，會根據資料所屬的類別，判斷它能否參與某種特定的運算。所以為了讓 Excel 清楚地知道我們輸入的是什麼類型的資料，今後可能會對這些資料進行什麼類型的運算和分析，在輸入資料前，可以先在「設置儲存格格式」對話盒中設置儲存格的格式，以確定保存在其中的資料格式及顯示樣式，如圖 3-4 所示。

3-4【設置儲存格格式】對話盒

 TIPS 如果將儲存格格式設置為【文字】，那該儲存格將只用來保存文字類型的資料，就算你在其中輸入的是類似 100 的純數字，Excel 也不會把它當成能進行加減運算的數值 100。

3-2-3 VBA 將資料分為哪些類型

使用 VBA 程式設計的目的是分析和處理各種資料。事實上，在程式設計的程序中，我們所做的每一件事情都是在以這樣或那樣的方式處理資料。但是，VBA 對資料的分類與 Excel 對資料的分類並不完全相同。相對 Excel 而言，VBA 對數據的分類更細。

根據資料的特點，VBA 將資料分為布林型（Boolean）、位元組型（Byte）、整數型（Integer）、長整數型（Long）、單精確度浮點型（Single）、雙精度浮點型（Double）、貨幣型（Currency）、小數型（Decimal）、字串型（String）、日期型（Date）、對象型等，如圖 3-5 所示。

3-5 VBA 對資料的分類

不同的資料類型，佔用的儲存空間並不相同，對應的資料及範圍也不相同，詳情如表 3-1 所示。

表 3-1 VBA 中的資料類型

類型	類型名稱	佔用的儲存空間（位元組）	包含的資料及範圍
布林型	Boolean	2	邏輯值 True 或 False
位元組型	Byte	1	0 到 255 的整數
整數型	Integer	2	-32768 到 32767 的整數
長整數型	Long	4	-2147483648 到 2147483647 的整數
單精確度浮點型	Single	4	負數範圍：-3.402823×1038 到 $-1.401298 \times 10\text{-}45$ 正數範圍：$1.401298 \times 10\text{-}45$ 到 3.402823×1038
雙精度浮點型	Double	8	負數範圍：$-1.79769313486232 \times 10308$ 到 $-4.94065645841247 \times 10\text{-}324$ 正數範圍：$4.94065645841247 \times 10\text{-}324$ 到 $1.79769313486232 \times 10308$
貨幣型	Currency	8	數值範圍：-922337203685477.5808 到 922337203685477.5807
小數型	Decimal	14	不含小數時：±79228162514264337593543950335 包含 28 位小數時：±7.9228162514264337593543950335
日期型	Date	8	日期範圍：100 年 1 月 1 日到 9999 年 12 月 31 日
字串型	String（變數長字串型）	10 位元組 + 字串長度	0 到大約 20 億個字元
	String（定量長字串型）	字串長度	1 到大約 65400 個字元
變體型	Variant（數字）		保存任意數值，最大可以達 Double 的範圍，也可以保存 Empty、Error、Nothing、Null 之類的特殊數值
	Variant（字元）		與變長 String 的範圍一樣，可以儲存 0 到大約 20 億個字元
物件型	Object	4	物件變數，用來引用物件
使用者自訂類型	使用者自訂		用來儲存使用者自訂的資料類型，儲存範圍與它本身的資料類型的範圍相同

3-2-4 為什麼要對資料進行分類

資料類型告訴電腦應該怎樣把資料儲存在記憶體中，在運行程式時，該資料會佔用多大的電腦記憶體空間。從表 3-1 中可知，不同類型的資料，其佔用的儲存空間並不相同，如 Byte 只佔用 1 個位元組的儲存空間，Integer 卻要佔用 2 個位元組的儲存空間。

電腦的記憶體空間是有限的，如果一個資料佔用的記憶體空間越大，那剩餘的可用空間就會越小，這勢必會為程式處理其他資料帶來影響，從而影響程式的運行速度。

一台電腦的記憶體空間就像一間餐廳，能用的空間總是有限的。如果只有兩個人用餐，卻佔用了餐廳的一半或更多的空間，可供其他人用餐的空間也就變少了，這是一種不合理的空間分配方案，如圖 3-6 所示。

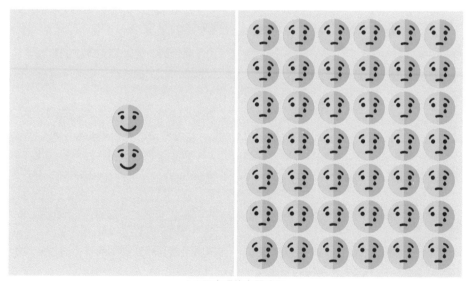

3-6 不合理的空間分配

為了能儘量讓更多的人正常用餐，增加餐廳的可容客量，較為合理的方案是根據用餐人數分配用餐空間。如果只有 2 個人用餐，就不要讓他們佔用兩張或更多的餐桌。

在程式中也一樣，如果某個資料最多只會佔用 1 個位元組的儲存空間，就不要把它設置為需佔用 2 個或更多位元組儲存空間的資料類型。這樣將能留下更多的記憶體空間供程式另作他用，也將更有利於提高程式的運行速度。

3-3 | VBA 中儲存資料的容器：變數和常數

就像我們需要借助盤子盛放水果，借助瓶子盛放牛奶一樣，在 VBA 程式中，我們也需要一個或多個容器來盛放程式運行程序中需要匯總和計算的各種資料。在 Excel 中使用 VBA 的主要目的是說明處理 Excel 中的各種資料。在 VBA 中，用來儲存資料的容器可以是某些物件（如工作表的儲存格），也可以是變數和常數。

3-3-1 變數，就是給資料預留的記憶體空間

變數，就像你在旅館預訂的房間。我們知道程式在運行時，要計算和匯總的資料會佔用一定的記憶體空間，所以，如果程式在運行時需要用到某個資料，就要考慮在程式運行時，該資料需要佔用多大的記憶體空間。

而 VBA 中的變數就是給資料預留的記憶體空間，它就像我們外出旅遊前，提前預訂的旅館房間一樣。旅館房間可以每天都更換客人，儲存在變數中的資料也可以隨時更換，因此變數通常用來儲存在程式運行程序中需要臨時保存的資料或物件。

3-3-2 常數，通常用於儲存某些固定的資料

常數，也是程式給資料預留的記憶體空間，通常用來儲存一些固定的、不會被修改的資料，如圓周率、個人所得稅的稅率等。

常數就像家裡的房間，主臥室或兒童臥室……不同的房間住的總是固定的人，它不像旅館的房間，今天和明天住的，可能是不同的客人。變數和常數都用於儲存程式運行程序中所需的資料或物件，區別在於變數可以隨時修改儲存在其中的資料，而常數一旦存入資料，就不能更換。

3-4 | 在程式中使用變數儲存資料

我們需要將資料儲存到變數中，才能利用 VBA 來存取這些資料，想要在 VBA 中使用變數儲存某個資料，首先得聲明這個變數，接下來我們要教大家聲明變數的方式與技巧。

3-4-1 指定變數的名稱及可儲存的資料類型

聲明變數，其實就是指定該變數的名稱及其可儲存的資料類型，要在 VBA 中聲明一個變數，可以用語句：

> 資料類型是該變數能保存的資料類型的名稱，如文字為 String，其他類型名稱可以在表 3-1 中查詢。

```
Dim 變數名 As 資料類型
```

> 變數名必須以字母（或漢字）開頭，不能包含空格、句號、驚嘆號、@、&、$ 和 # 等，最長不超過 255 個字元。

例如：

```
Dim IntCount As Integer
```

這條語句聲明了一個 Integer 類型的變數，變數的名字叫 IntCount。Interget 類型包含的資料範圍是 -32768 到 32767 的整數，所以聲明這個變數後，可以把該區間的任意整數儲存在變數 IntCount 中，但不可以將其他資料儲存在該變數中。

3-4-2 還能用這些語句聲明變數

要聲明一個變數，可以用 Dim 語句，例如：

```
Dim txt As String              '聲明一個 String 類型的變數，名稱為 txt。
```

但 Dim 語句並不是定義變數的唯一語句，除了它，還可以使用 Static、Public、Private 語句來聲明變數。

```
Private 變數名 As 資料類型
```

用 Private 定義變數，該變數將被定義為私有變數。

```
Public 變數名 As 資料類型
```

用 Public 定義的變數是全域變數。

```
Static 變數名 As 資料類型
```

如果使用 Static 語句聲明變數，這個變數將被聲明為靜態變數。當程式結束後，靜態變數會保持其原值不變。

如想聲明一個 String 類型，名稱為 txt 的變數，除了使用語句：

```
Dim txt As String
```

還可以使用這些語句：

```
Public txt As String
Private txt As String
Static txt As String
```

無論是使用 Dim 語句，還是這 3 條語句，聲明的變數除了作用域不同，其餘都是相同的。雖然使用這些語句都可以定義相同名稱、相同類型的變數，但使用它們定義的得到的變數卻不是完全相同的，至於變數間具體的區別，我們會在 3-4-7 小節中再向大家介紹。

3-4-3 幫變數賦值，就是把資料儲存到變數

聲明變數後，就可以把資料儲存到變數中了。把資料儲存到變數中，稱為幫變數賦值。

1·幫資料類型的變數賦值

如果是要將文字（字串）、數值、日期、時間、邏輯值等資料儲存到對應類型的變數中，應該使用這個語句：

語句把等號右邊的資料儲存到等號左邊的變數中。

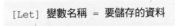

[Let] 變數名稱 = 要儲存的資料

寫在中括弧中的關鍵字 Let 可以省略。在後面的章節中，如果一個關鍵字或語句被寫在中括弧中，表示該關鍵字或語句在實際應用時是可以省略的。

例如，要將數值 3000 儲存進變數 IntCount 中，程式碼應為：

```
Dim IntCount As Integer      '定義變數
Let IntCount = 3000          '幫變數賦值
```

或

```
Dim IntCount As Integer      '定義變數
IntCount = 3000              '幫變數賦值
```

通常，我們都是使用省略關鍵字 Let 的這種方法來給資料類型的變數賦值。

2.給物件類型的變數賦值

變數不僅可以儲存文字、數值、日期等資料，還能用於儲存活頁簿、工作表、儲存格等對象，用於儲存物件的變數（Object 型），在賦值時，應該使用這個語句：

```
Set 變數名稱 = 要儲存的物件名稱
```

在給物件類變數賦值時，
Set 關鍵字千萬不能少。

如要將使用中的工作表賦給一個變數，語句為：

```
Dim sht As Worksheet          '定義一個工作表物件 sht
Set sht = ActiveSheet         '將使用中的工作表賦幫變數 sht
```

▌3-4-4 讓變數中儲存的資料參與程式計算

聲明變數，並幫變數賦值後，當要使用這個資料時，可以直接使用變數名稱代替儲存在其中的資料。

例如：

```
Sub 資料變數 ()
    Dim IntCount              '定義一個 Integer 類型的變數
    IntCount = 3000           '將 3000 儲存到變數 IntCount 中
    Range ( "A1" ).Value = IntCount   '將 IntCount 中儲存的資料寫入活動工
                                       作表的 A1 儲存格中
End Sub
```

這些文字是對程式碼用途的說明，沒有其他任何作用。

執行這串程式碼的程序及效果如圖 3-7 所示。

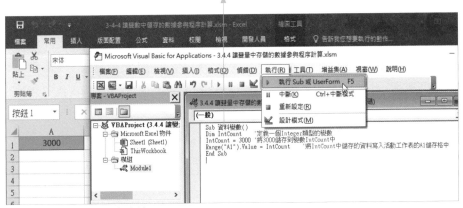

3-7 在程式中使用變數儲存資料

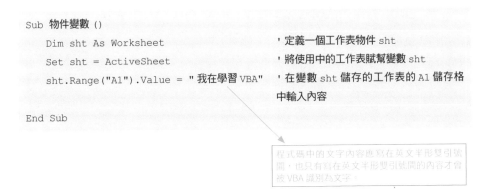

```
Sub 物件變數 ()

    Dim sht As Worksheet          '定義一個工作表物件 sht

    Set sht = ActiveSheet         '將使用中的工作表賦幫變數 sht

    sht.Range("A1").Value = "我在學習VBA"   '在變數 sht 儲存的工作表的 A1 儲存格
                                             中輸入內容

End Sub
```

程式碼中的文字內容應寫在英文半形雙引號間，也只有寫在英文半形雙引號間的內容才會被 VBA 識別為文字。

3-8 在程式中使用變數儲存物件

3-4-5 關於聲明變數，還應掌握這些知識

1 · 可以用一個語句同時聲明多個變數

如果要聲明多個變數，可以將程式碼寫為：

```
Dim sht As Worksheet        '聲明一個工作表類型的變數 sht
Dim IntCount As Integer      '聲明一個 Integer 變數 IntCount
```

使用不同的語句來聲明變數，要聲明幾個變數，就需要書寫幾行程式碼。但在實際使用時，也可以只使用一個語句，一行程式碼聲明多個變數，只要在語句中用英文逗號將不同的變數隔開即可，如前面的兩行程式碼可以改寫為：

```
Dim sht As Worksheet, IntCount As Integer
```

無論聲明幾個變數，這些變數的類型是否相同，都應分別為每個變數指明可儲存的資料類型。

2 · 可以使用變數型別宣告符定義變數類型

對個別類型的變數，在聲明時，可以借助變數型別宣告符來定義其類型，如想聲明一個 String 類型的變數，可以使用語句：

這行程式碼等同於程式碼：Dim Str As String

```
Dim Str$
```

「$」是變數型別宣告符，代表 String 類型。「Str」是變數名稱，「Str$」表示要聲明的變數是一個 String 類型的變數，變數名稱為「Str」。

直接在變數名稱的後面加上型別宣告符來指定變數的類型雖然方便，但只有表 3-2 所示的資料類型才能使用型別宣告符。

表 3-2 可使用型別宣告符的資料類型

資料類型	型別宣告字元
Integer	%
Long	&
Single	!
Double	#
Currency	@
String	$

3 · 聲明變數時可以不指定變數類型

在 VBA 中聲明變數時，通常應同時指定該變數的名稱和變數可以儲存的資料類型，這也是規範的做法。但如果在聲明變數時，不確定會將什麼類型的資料儲存在變數中，可以在聲明變數時，只定義變數的名稱，而不定義變數的類型，例如：

```
Dim Str                          '聲明一個名稱為 Str 的變數
```

如果在聲明變數時，只指定變數的名稱而不指定變數的資料類型，VBA 預設將該變數定義為 Variant 類型。

4 · Variant 類型的變數可以儲存什麼資料

Variant 類型也稱為變體型。之所以稱為變體，是因為 Variant 類型的變數可以根據需要儲存的資料類型變化自己的類型與之匹配。也就是說，如果一個變數被聲明為 Variant 類型，那就可以將任意類型的資料儲存在該變數中。

5 · 為什麼不將所有變數都聲明為 Variant 類型

既然 Variant 類型的變數是「萬能」的容器，為什麼不直接把所有變數都聲明為

Variant 類型？我們可以將變數想像成奶茶店大小不同的杯子，不同容量的杯子的容量也不相同，如圖 3-9 所示。

3-9 大小不同的飲料杯

大飲料杯的容量大，但如果你喝的飲料很少，會選擇用大杯來裝飲料嗎？

儘管臉盆能裝下水杯中的所有水，但我想沒有誰會選擇使用臉盆來代替喝水的水杯，因為不方便，也沒有必要。

不將所有變數都聲明為 Variant 類型也是這個道理。更何況，電腦的記憶體空間總量是有限的，如果只需儲存 Integer 類型的資料，將變數聲明為 Integer 類型，會比聲明為 Long 類型佔用的空間小，這樣也可以節約更多的空間另作他用。

而且電腦在處理一個資料時，資料佔用的記憶體空間越小，處理的速度就越快。就像在生活中，大家肯定不會覺得攜帶一個臉盆會比攜帶一個杯子更省時省力。

當然，如果會往變數中儲存 Long 類型的資料，卻將變數定義為 Byte 類型，VBA 也是不允許的，試想一下，如果給你一個 200ml 的杯子，卻讓你往裡面裝 500ml 的水，會出現一種什麼情況？

所以無論是為了不浪費多餘的空間，還是為了避免出現「殺雞焉用牛刀的尷尬」，如果我們預先已經知道會往變數中儲存什麼資料，就應該將變數聲明為合適的資料類型。提前定義變數為合適的類型，這雖然不是必須的，但卻是學習和使用 VBA 程式設計的一個好習慣。

6・如果怕出錯，可以強制聲明所有變數

先定義好變數的名稱及其可儲存的資料類型，這是一個好習慣。但在未養成這個習慣之前，我們總會因為一些原因，忘記聲明變數。如果大家擔心自己忘記在程式中聲明變數，可以透過設置強制聲明程式中的所有變數。

■方法一：在「專案總管」中按兩下模組，打開模組的「程式碼」視窗，在「程式碼」視窗的第 1 行輸入程式碼：

```
Option Explicit
```

如圖 3-10 所示。

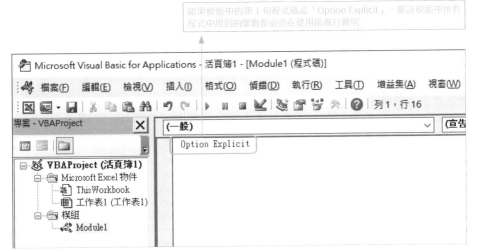

> 如果模組中的第 1 句程式碼是「Option Explicit」，那該模組中所有
> 程式中用到的變數都必須在使用前進行聲明。

3-10 在模組的第一句輸入 Option Explicit

■方法二：執行【工具】→【選項】命令，叫出「選項」對話盒，在該對話盒的〔編輯器〕活頁標籤中勾選「要求變數宣告」核取方區塊，如圖 3-11 所示。

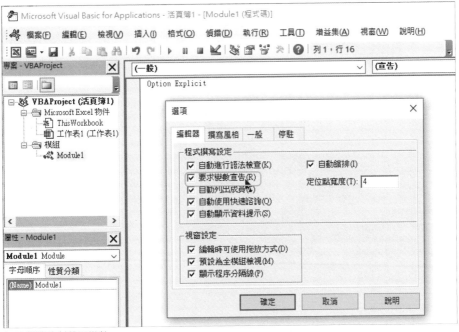

3-11 設置強制聲明變數

設置完成後，VBE 會在每個新插入的模組第 1 行自動寫下「Option Explicit」而不再需要我們手動輸入它。設置了強制聲明變數，如果程式中使用的變數沒有聲明，運行程式後，電腦會自動提示我們，如圖 3-12 所示。

```
Option Explicit
Sub Test()
    a = " 我是一個變數 "                  ' 幫變數 a 賦值
    MsgBox a                              ' 用一個對話盒顯示變數 a 儲存的內容
End Sub
```

電腦會把未定義的變數選中，告訴我們是哪個變數未聲明就被我們使用了。

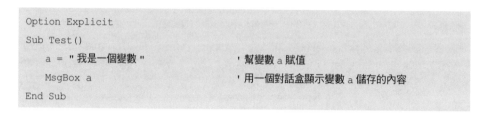

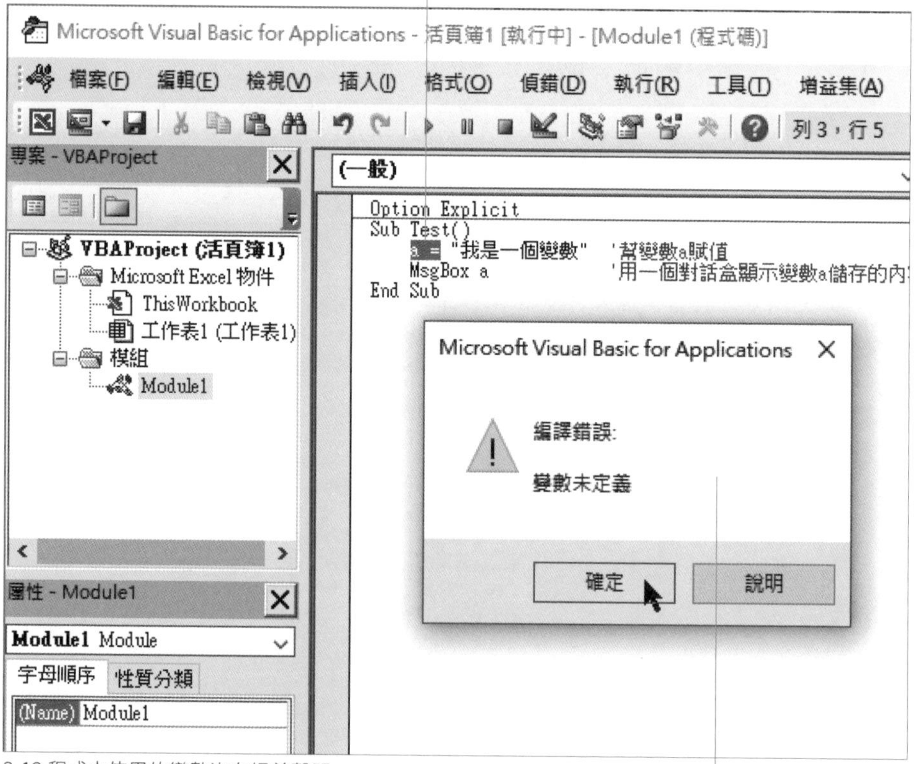

3-12 程式中使用的變數沒有提前聲明

程式沒有執行，是因為程式中使用的變數沒有提前聲明，對話盒中的提示資訊很清楚。

如果變數在使用前已經聲明了，執行程式就不會出現類似的錯誤提示，如圖 3-13 所示。

```
Option Explicit
Sub Test()
    Dim a As String              ' 定義一個 String 類型的變數
    a = " 我是一個變數 " ' 幫變數 a 賦值
    MsgBox a                     ' 用一個對話盒顯示變數 a 儲存的內容
End Sub
```

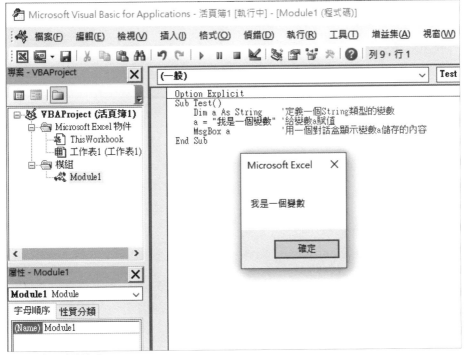

3-13 運行程式的結果

> TIPS　VBA 也允許直接使用未聲明的變數，如圖 3-12 中的程式，雖然在程式中使用了未聲明的變數 a，但如果模組的第 1 句沒有程式碼「Option Explicit」，程式也能正常運行，大家可以刪除這行程式碼再執行試試。

但正如前面所說，根據實際需求幫變數分配一個合理的儲存空間，這是很有必要的。

3-4-6 不同的變數，作用域也可能不相同

1‧作用域決定誰有資格使用變數

變數的作用域，就像人們生活中使用的 Wi-Fi。現在幾乎已經成了一個「無 Wi-Fi 不歡」的年代了，外頭一堆 Wi-Fi 基地台，卻並不是所有 Wi-Fi 信號我們都有使用權。

家裡的 Wi-Fi 設有密碼，是為了只讓家裡的人使用它；公司的 Wi-Fi 所有同事憑密碼都可以使用，公共場所的免費 Wi-Fi 任何人都可以使用……不同場所的 Wi-Fi，有許可權使用的人也不相同，這是因為這些 Wi-Fi 的作用域不同。

類似的，VBA 中的變數也有自己的作用域，變數的作用域，決定可以在哪個模組或程序中使用該變數。

2‧變數按作用域分類

按作用域分，VBA 中的變數可分為區域變數、模組變數和全域變數，不同作用域的變數詳情如表 3-3 所示。

表 3-3 不同作用域的變數

作用域	描述
單個程序	在一個程序中使用 Dim 或 Static 語句聲明的變數，作用域為本程序，即只有聲明變數的語句所在的程序可以使用它。這樣的變數稱為區域變數
單個模組	在模組的第 1 個程序之前使用 Dim 或 Private 語句聲明的變數，作用域為聲明變數的語句所在模組中的所有程序，即該模組中所有的程序都可以使用它。這樣的變數稱為模組變數
所有模組	在一個模組的第 1 個程序之前使用 Public 語句聲明的變數，作用域為所有模組，即所有模組中的程序都可以使用它。這樣的變數稱為全域變數

3-4-7 定義不同作用域的變數

1・定義區域變數

如果在一個程序中使用 Dim 或 Static 語句聲明變數，聲明的變數即為區域變數，圖 3-14
所示的程式中聲明的變數都是區域變數。

```
Sub 區域變數()
    Dim a As String          ' 定義一個 String 類型的變數，名稱為 a
    Static b As Integer      ' 定義一個 Integer 類型的變數，名稱為 b
End Sub
```

```
Sub 區域變數()
    Dim a As String     '定義一個String類型的變數，名稱為a
    Static b As Integer '定義一個Integer類型的變數，名稱為b
End Sub
```

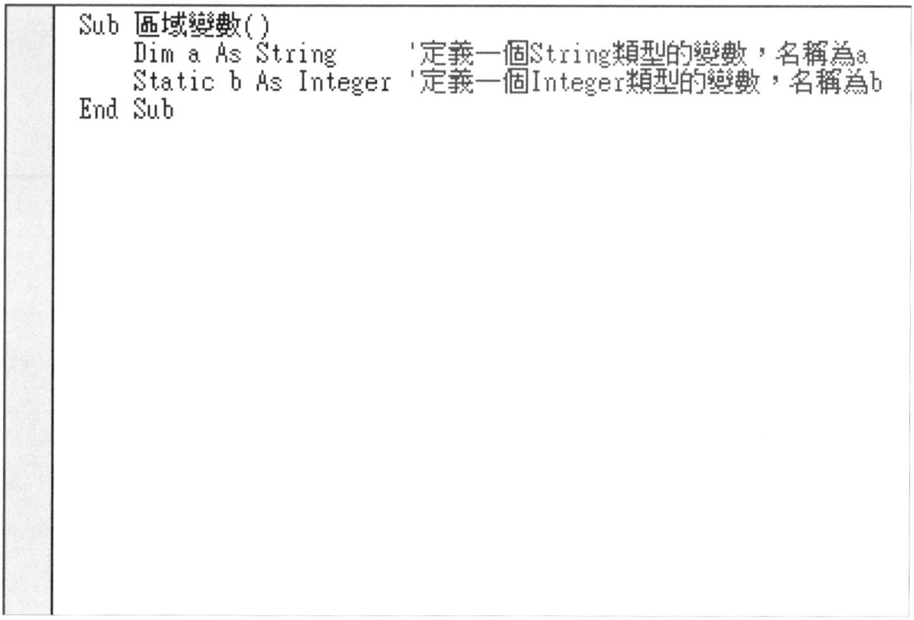

3-14 聲明區域變數

如果一個變數被聲明為區域變數，那該變數的作用域為本程序，只有定義變數的語句
所在的程序才可以使用它。插入一個模組，在模組中輸入下面的兩個程式：

```
Option Explicit

' 第一個程式
Sub Test_01()
    Dim a As String                    ' 定義一個 String 類型的變數
    a = " 我是一個變數 "                 ' 幫變數 a 賦值
End Sub

' 第二個程式
Sub Test_02()
    MsgBox a                           ' 用對話盒顯示變數 a 儲存的內容
End Sub
```

執行第 2 個程式 Test_02，看看能執行嗎？如圖 3-15 所示。

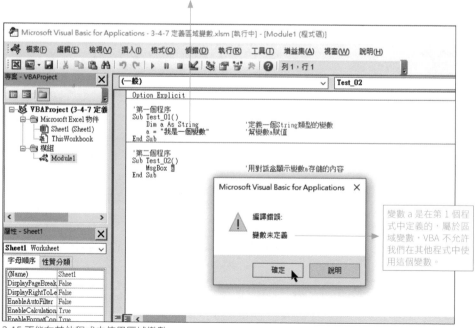

3-15 不能在其他程式中使用區域變數

區域變數只能在定義變數的程序中使用，但如果多個程序都可能用到同一個變數中儲存的資料，或者不同程序之間可能存在資料傳遞時，區域變數很明顯就不適用了。這時就需要在程序中使用作用域更大的變數。

2 · 定義模組變數

如果想讓同一模組中的所有程序都能使用定義的變數，可以在模組的第 1 個程序之前使用 Dim 或 Private 語句定義變數，這樣該模組中所有的程序都可以使用定義的變數，如圖 3-16 所示。

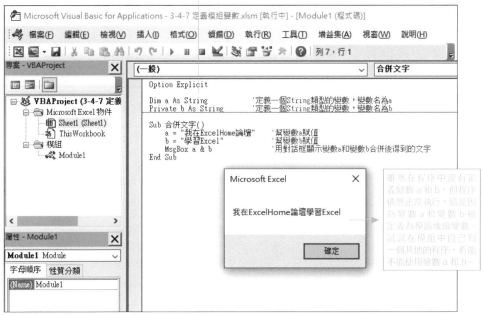

3-16 定義和使用模組變數

3 · 定義全域變數

聲明為模組層級的變數只能被同一個模組中的程序使用，如果想讓不同模組中的程序都能使用聲明的變數，應將該變數定義為全域變數。

如果要將變數聲明為全域變數，應在模組的第 1 個程序之前用 Public 語句聲明它，如圖 3-17 所示。

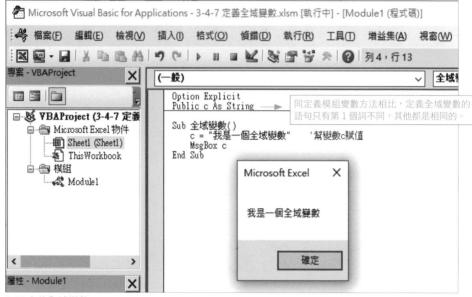

3-17 定義全域變數

如果一個變數被定義為全域變數，那在任意模組的任意程序中都可以使用它，大家可以動手試試，各定義一個區域變數、模組變數和全域變數，再在不同的位置使用這些變數，看能不能使用。

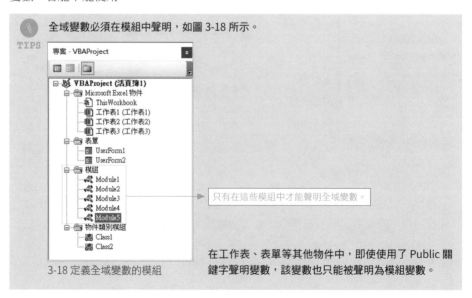

3-18 定義全域變數的模組

在工作表、表單等其他物件中，即使使用了 Public 關鍵字聲明變數，該變數也只能被聲明為模組變數。

3-5 │ 特殊的變數—陣列

陣列其實也是變數，是同種類型的多個變數的集合。陣列是一個被分隔成多個小儲存空間的大儲存空間，其中的每個小空間都可以儲存一個資料。

3-5-1 陣列，就是同種類型的多個變數的集合

打個比方，如果變數是一個礦泉水瓶，陣列就是裝礦泉水的包裝箱，是一箱礦泉水瓶的集合，如圖 3-19 所示。

一個礦泉水瓶只是一個容器，是單個的變數，只能在裡面儲存一個資料。

陣列就是被「打包」的變數。一個陣列（包裝箱）可以包含多個變數（礦泉水瓶），所以一個數組能儲存多個資料。

單個變數　　　　　　　**陣列**

3-19 礦泉水瓶及包裝箱

陣列與單個變數的區別在於：單個變數只是一個容器，只能儲存一個資料，而陣列是多個單個變數組成的大容器，可以儲存多個資料，如圖 3-20 所示。

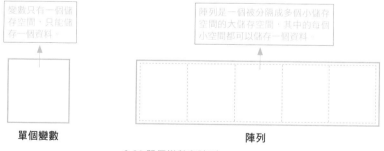

變數只有一個儲存空間，只能儲存一個資料。

陣列是一個被分隔成多個小儲存空間的大儲存空間，其中的每個小空間都可以儲存一個資料。

單個變數　　　　　　　　　　**陣列**

3-20 單個變數和陣列

所以，可以把陣列看成是由多個單個變數組成的變數，組成陣列的每個單個變數，我們將其稱為陣列的元素，一個陣列可以儲存多少個資料，就有多少個元素。

3-5-2 怎麼表示陣列中的某個元素

一個陣列也很像一家旅館，旅館有很多房間，每個房間住著不同的客人。如果你是旅館的服務生，會怎樣描述住在某個房間的客人呢？旅館的房間很多，為了區別各個房間入住的客人，旅館為每個房間都設置了編號，如 301、302、303……然後透過房間號來區別住在不同房間裡的客人。如果把旅館當成一個陣列，那旅館的每個房間都是陣列的元素。想表示陣列中某個元素（房間），用 VBA 的語言應該表示為：

> 用來區別房間的號碼 301 是陣列（旅館）中元素（房間）的索引號，VBA 透過索引號碼分辨陣列中不同的元素。

旅館（301**）**

> 「旅館」是陣列名稱，和普通的單個變數名稱沒有區別。

如果想表示 402 房間入住的客人，就將語句寫為：

> 只更改索引號碼，不改變陣列的名稱，就可以改變實際引用到的元素。

旅館（402**）**

類似的情境還有很多，如想表示一箱飲料中的第 2 瓶，可以用 VBA 語句表示為：

飲料（2**）**

它是箱子裡的第 2 瓶，所以「飲料（2）」指的就是它。

陣列可以儲存多個資料，不同的資料透過索引號碼區分，想引用陣列中儲存的某個資料，需要知道該陣列的名稱及該資料在陣列內對應的索引號碼。

3-5-3 怎麼表示陣列中的某個元素

1 · 透過起始和終止索引號碼定義陣列的大小

陣列也是變數，所以，與聲明單個變數一樣，聲明陣列時，應指明陣列的名稱及可儲存的資料類型。同時因為陣列可以儲存多個資料，所以在聲明陣列時，還應指定陣列可儲存的數據個數，即陣列的大小。

Public／Dim **陣列名稱稱** (a To b) As **資料類型**

a 和 b 為整數（不能是變數），分別是陣列的起始和終止索引號碼，用來確定該陣列可保存資料的個數:(b-a+1) 個

如果想定義一個陣列，用來保存 1 到 100 的自然數，程式碼可以為：

```
Dim arr(1 To 100) As Byte        '定義一個 Byte 類型的陣列，名稱為 arr，可以儲
                                  存 100 個資料
```

在陣列名稱稱後面的括弧中定義陣列的起始和終止索引號，「1 To 100」說明該陣列的索引號碼是 1 到 100 連續的 100 個自然數

這行程式碼定義了一個可儲存 100 個資料的陣列，可以透過不同的索引號碼來引用其中儲存的各個資料，例如：

```
arr (1)  '陣列中的第 1 個資料
arr (2)  '陣列中的第 2 個資料
arr (3)  '陣列中的第 3 個資料
......
arr (98)  '陣列中的第 98 個資料
arr (99)  '陣列中的第 99 個資料
arr (100)  '陣列中的第 100 個資料
```

2‧使用一個數字確定陣列的大小

只使用一個自然數來定義陣列的大小，例如：

語句等同於 Dim arr (0 To 99) As Byte

```
Dim arr (99) As Byte
```

如果使用一個自然數確定陣列的大小，預設起始索引號碼為 0，陣列共有（99-0+1），即 100 個元素。

只使用一個數位來確定陣列的大小，該數位將被當成陣列的終止索引號碼，而 VBA 預設其起始索引號碼為 0。但是，如果在模組的第 1 句寫上「OPTION BASE 1」，儘管只使用一個自然數確定陣列的大小，陣列起始索引號碼也是 1 而不是 0。

3-5-4 給陣列賦值就是給陣列的每個元素分別賦值

給陣列賦值，就是將資料儲存到陣列中，方法同給單個變數賦值的方法相同，只是在賦值時應告訴 VBA，我們要將資料儲存到陣列的哪個元素中。

如果要把數值 56 儲存到陣列 arr 的第 20 個元素中，程式碼為：

```
arr(20) = 56
```

給陣列賦值時，要分別給陣列中的每個元素賦值，如想將 1 到 100 的自然數保存到陣列 arr 中，賦值的語句可以是：

```
arr(1) = 1
arr(2) = 2
arr(3) = 3
......
arr(98) = 98
arr(99) = 99
arr(100) = 100
```

這裡我們只是舉個例子，實際在給陣列賦值時，通常不會選擇這種使用多行代碼，逐個賦值的方法，後面我們會接觸到更為簡單的賦值方法。

3-5-5 陣列的維數

1 · 借助礦泉水瓶認識什麼是維數

陣列有一維陣列、二維陣列、三維陣列、四維陣列……其中的一維、二維等叫陣列的維數。

什麼叫維數？一維陣列和二維陣列有什麼區別？想弄清楚什麼是「維」，先想想我們平時喝的礦泉水，如圖 3-22 所示。

3-22 一瓶礦泉水

如果將礦泉水裝箱打包，就得到一個由多個單個變數（礦泉水瓶）組成的一維陣列（裝滿礦泉水的紙箱），如圖 3-23 所示。

紙箱中不止一瓶水，想表示其中的第 2 瓶，可以用程式碼「礦泉水（2）」。

3-23 一箱礦泉水

紙箱相對礦泉水而言，就是一維陣列，一維陣列由多個單個變數組成。想表示紙箱中的第 2 瓶水，我們可以使用如「第 2 瓶」之類的語言去描述它。

打包裝箱後的礦泉水，我們可能會把它們一箱一箱地整齊堆放在倉庫中的某個區域，如圖 3-24 所示。

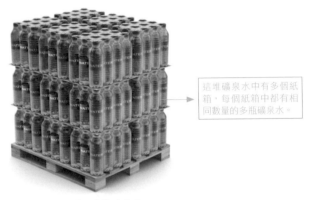

這堆礦泉水中有多個紙箱，每個紙箱中都有相同數量的多瓶礦泉水。

3-24 堆成一堆的礦泉水

相對於單個礦泉水瓶而言，這些由若干箱礦泉水堆成的礦泉水堆就是二維陣列。在二維數組中，還能用類似「第 2 瓶」之類的語句來描述其中的某瓶礦泉水嗎？紙箱那麼多，你說的是第幾個紙箱中的第 2 瓶礦泉水呢？

除了需要指明瓶子是紙箱中第幾個瓶子，還應指明瓶子所在的紙箱是第幾個紙箱。「第 3 個紙箱中的第 2 瓶礦泉水」，不錯，在二維陣列中，我們至少需要兩個數字（3和 2），才能準確地引用到想要的那個資料。

「第 3 個紙箱中的第 2 瓶礦泉水」，如果用 VBA 的語言來描述，應寫成程式碼：

礦泉水 (3,2)

括弧中是用逗號隔開的兩個數字，分別是紙箱在紙箱堆裡的索引號碼和礦泉水瓶在紙箱中的索引號碼。
索引號碼的作用是指明該元素是陣列中的第幾個元素。途的說明，沒有其他任何作用。

紙箱堆由多個紙箱組成，紙箱本身同時也是由多個礦泉水瓶組成的陣列，所以，二維陣列其實就是陣列的陣列，它由多個一維陣列組成。

如果倉庫中分區堆放了多個相同的礦泉水紙箱堆，那倉庫相對於單個的礦泉水而言，就是一個三維陣列。三維陣列由多個二維陣列組成，如果想在三維陣列中引用某個瓶子中的資料（水），需要用到 3 個數位，如第 1 堆中第 3 個紙箱中的第 2 瓶礦泉水。翻譯成 VBA 程式碼，就是：

礦泉水 (1,3,2)

發現了嗎？陣列是幾維陣列，在引用其中的數據時，就需要用到幾個數字。

如果堆放礦泉水的倉庫是多個，那這些倉庫組成的陣列相對單個礦泉水瓶而言，就是四維陣列。我想，五維、六維，甚至更多維的陣列之間是什麼關係，大家應該清楚了吧？如圖 3-25 所示。

| 單個變數 | 一維陣列 | 二維陣列 | 三維陣列 | 四維陣列 |

3-25 礦泉水瓶組成的陣列

2 · VBA 中的陣列就是一堆看不見的礦泉水瓶

在 VBA 中，陣列最基本的單位是變數，如果把單個變數看成是一個礦泉水瓶，那一維數組就是整齊排列成一行的多個礦泉水瓶，如圖 3-26 所示。

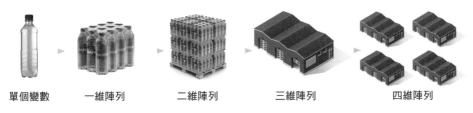

和礦泉水瓶不同的是，礦泉水瓶中裝的是水，而 VBA 的變數和陣列「裝」的是資料。

| A001 | | A001 | 羅林 | 4500 | 500 | 5000 | 180 | 4820 |

| 單個變量 | | 一堆數組 |

3-26 單個變數和一維陣列

所以，一維陣列就是保存在陣列中的一行資料，就像被寫入 Excel 工作表中的一行資料。如果這個一維陣列的名稱是 arr，想引用其中的第 3 個資料，可以用 VBA 程式碼：

```
arr(3)
```

如果將類似的一維陣列，像堆紙箱一樣層層疊放在一起，就可以得到一個二維陣列，如圖 3-27 所示。

二維陣列就像 Excel 工作表中的一個多行多列的矩形區域。如果這個二維陣列的名稱是 arr，要想表示這個矩形區域中第 3 行的第 4 個資料，可以用 VBA 程式碼：

A001	羅林	4500	500	5000	180	4820
A002	趙剛維	4000	300	4300	150	4150
A003	李子凡	3500	300	3800	170	3630
A004	張致遠	3600	288	3888	135	3753
A005	馮大偉	3300	450	3750	120	3630

3-27 二維陣列

再將類似的多個二維陣列層層疊放，即可得到一個三維陣列，如圖 3-28 所示。

3-28 三維陣列

三維陣列，由多個行列數相等的二維陣列組成，就像保存在不同工作表中的資料。如果三維陣列的名稱是 arr，要想引用其中第 2 個矩形區域第 3 行的第 4 個資料，可以用 VBA 程式碼：

```
arr(2,3,4)
```

就像這樣，單個變數組成一維陣列（一行），多個一維陣列組成二維陣列（一張工作表），多個二維陣列組成三維陣列（一個活頁簿），多個三維陣列組成四維陣列（保存了多個活頁簿檔案的一個資料夾）……

不同維數的陣列間的聯繫如圖 3-29 所示。

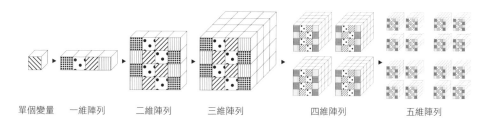

| 單個變量 | 一維陣列 | 二維陣列 | 三維陣列 | 四維陣列 | 五維陣列 |

3-29 不同維數的陣列間的聯繫

3-5-6 聲明多維陣列

在前面我們提到，聲明陣列可以用語句：

```
Public／Dim 陣列名稱稱 (a To b) As 資料類型
```

事實上，這個語句只能用來聲明一維陣列，因為陣列名稱稱後的括弧中只定義了一個索引號碼。如果要聲明二維陣列，括弧中就應設置兩個索引號碼。如果想聲明一個 3 行 5 列的 Integer 類型的二維陣列，可以用 VBA 程式碼：

1 To 3：說明定義的二維陣列可以儲存 3 行資料，各行的索引號碼分別是 1、2、3

```
Dim arr(1 To 3, 1 To 5) As Integer   ' 定義一個 3 行 5 列，類型為 Integer 的二維陣列
```

1 To 5：說明二維陣列每一行都可以儲存 5 個資料，這 5 個資料的索引號碼分別是 1、2、3、4 和 5

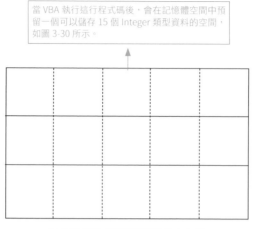

3-30 執行程式碼後預留的儲存空間

同聲明一維陣列一樣，可以只使用一個數位來定義多維陣列在各個維度的索引號碼。
如定義 3 行 5 列的二維陣列（Integer 類型），可以使用下面的程式碼：

聲明二維陣列時，需要定義兩個索引號碼。同理，如果要聲明一個三維陣列，就需要定義 3 個索引號碼。如果想聲明一個類似 4 張 3 行 5 列的表格的陣列（Integer 類型），可以用 VBA 程式碼：

發現了嗎？括弧中總是表示最高維度的索引號在前，最低維度的索引號碼在後。

```
Dim arr(1 To 4, 1 To 3, 1 To 5) As Integer        '定義一個三維陣列
```

執行這行程式碼後，VBA 就會在記憶體中預留一個類似圖 3-31 所示的儲存空間。

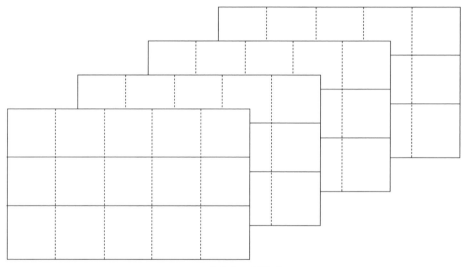

3-31 定義的三維陣列

VBA 中的陣列，與打包堆放的礦泉水瓶其實是一樣的，甚至你會發現，其實生活中很多地方都存在陣列。

3-5-7 聲明動態陣列

在聲明陣列時，應根據實際需求定義陣列的名稱、大小（尺寸）和類型，即規定陣列的維數及可儲存的資料類型。但有時在聲明陣列時，我們並不能確定會往這個陣列中存入多少個數據。

例如，當想把 A 列中保存的一些不知道具體個數的資料儲存到一個陣列中，在聲明這個數組的大小時，就應先確定 A 列中保存的資料個數。求 A 列中保存的資料個數，有很多方法，如可以借助工作表中的 COUNTA 函數。

```
Sub Test()
    Dim a As Integer                    '定義一個 Integer 類型的變數，名稱為 a
    '用工作表函數 COUNTA 求 A 列中的非空儲存格個數，將結果保存在變數 a 中
    a = Application.WorksheetFunction.CountA(Range("A:A"))
End Sub
```

在 VBA 中使用工作表函數，需借助 Application 物件的 WorksheetFunction 屬性來調用。

在使用 Public 或 Dim 語句聲明陣列時，不能使用變數來確定陣列的尺寸，雖然借助工作表函數 CountA 求得了 A 列的資料個數，卻不能將程式碼寫為：

```
Sub Test()
    Dim a As Integer                    '定義一個 Integer 類型的變數，名稱為 a
    '用工作表函數 COUNTA 求 A 列中的非空儲存格個數，將結果保存在變數 a 中
    a = Application.WorksheetFunction.CountA(Range("A:A"))
    Dim arr (1 To a) As String '定義陣列的類型及大小
End Sub
```

透過變數 a 來定義陣列的尺寸，這是一種錯誤的做法。

VBA 不允許在 Public 或 Dim 語句中使用變數來指定陣列的大小，也不會執行存在這類錯誤的程序，如圖 3-32 所示。

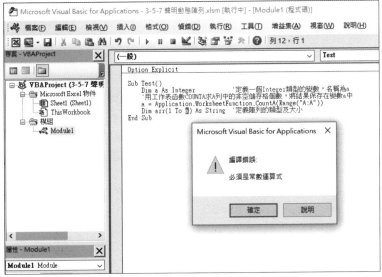

3-32 執行存在錯誤程式碼的 VBA 程式

不能這樣定義陣列，難道預先不知道個數的資料，就不能儲存到陣列中嗎？要解決這個問題，可以將陣列聲明為動態陣列。聲明陣列時不定義陣列的大小，只在陣列名稱後寫一對空括弧，用這樣的方法聲明的陣列即為動態陣列。

動態陣列就是維數不確定，可儲存資料個數不確定的陣列。將陣列定義為動態陣列後，可以使用 ReDim 語句重新定義它的大小。跟 Dim 語句不同，我們可以在 ReDim 語句中使用變數來定義陣列的大小，例如：

```
Sub Test()
    Dim a As Integer '定義一個 Integer 類型的變數，名稱為 a
    '用工作表函數 COUNTA 求 A 列中的非空儲存格個數，將結果保存在變數 a 中
    a = Application.WorksheetFunction.CountA(Range("A:A"))
    Dim arr() As String          '定義一個 String 類型的動態陣列
    ReDim arr(1 To a)            '重新定義陣列 arr 的大小
End Sub
```

有一點需要注意，使用 ReDim 語句可以重新定義陣列的大小（包括已經定義了大小的陣列），但是不能改變陣列的類型，所以在首次定義陣列時，就應先確定陣列的類型，如圖 3-33 所示。

```
Sub Test()
    Dim a As Integer              '定義一個 Integer 類型的變數，名稱為 a
    '用工作表函數 COUNTA 求 A 列中的非空儲存格個數，將結果保存在變數 a 中
    a = Application.WorksheetFunction.CountA(Range("A:A"))
    Dim arr() As String           '定義一個 String 類型的動態陣列
    ReDim arr(1 To a) As Integer  '重新定義陣列 arr 的大小及類型
End Sub
```

> 已經定義為 String 類型的陣列，不再使用 ReDim 語句將其重新定義為 Integer 類型。

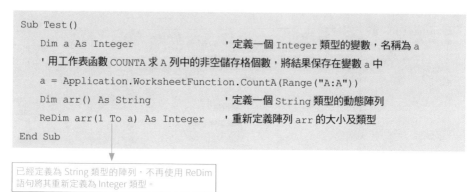

3-33 運行存在錯誤程式碼的 VBA 程式

如果要將 A 列保存的姓名逐個儲存到定義的陣列中，可以使用迴圈的方式進行賦值，想了解迴圈語句的用法，可以閱讀 3-10-4 小節中的內容。

3-5-8 這種建立陣列的方法更簡單

通常在使用陣列時，都應經歷定義陣列的類型及大小，再逐個對陣列賦值的步驟。但在某些特殊情境中，還能使用一些簡單的方法建立陣列。

1・使用 Array 函數建立陣列

如果要將一組已知的資料常數儲存到陣列中，使用 VBA 中的 Array 函數會非常方便。

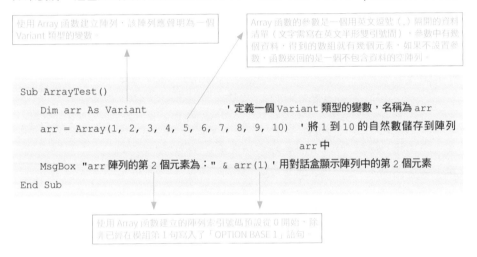

運行這個程式後的效果如圖 3-34 所示。

3-34 使用 Array 函數建立陣列

2．使用 Split 函數建立陣列

如果要將一個字串按指定的分隔符號拆分，將各部分結果保存到一個陣列中，可以使用 VBA 中的 Split 函數。

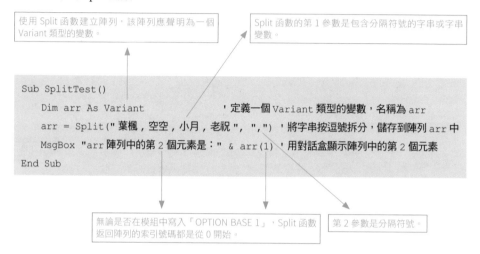

使用 Split 函數建立陣列，該陣列應聲明為一個 Variant 類型的變數。

Split 函數的第 1 參數是包含分隔符號的字串或字串變數。

```
Sub SplitTest()
    Dim arr As Variant                        ' 定義一個 Variant 類型的變數，名稱為 arr
    arr = Split(" 葉楓, 空空, 小月, 老祝 ", ",")  ' 將字串按逗號拆分，儲存到陣列 arr 中
    MsgBox "arr 陣列中的第 2 個元素是：" & arr(1)  ' 用對話盒顯示陣列中的第 2 個元素
End Sub
```

無論是否在模組中寫入「OPTION BASE 1」，Split 函數返回陣列的索引號碼都是從 0 開始。

第 2 參數是分隔符號。

Split 函數返回的總是一個索引號碼從 0 開始的一維陣列，如圖 3-35 所示。

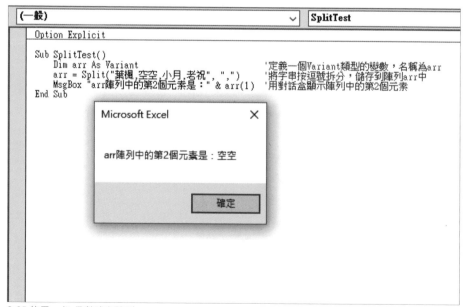

3-35 使用 split 函數建立陣列

3 · 透過儲存格區域直接建立陣列

如果想把儲存格區域中保存的資料直接儲存到一個陣列中，可以透過直接賦值的方式
解決。例如：

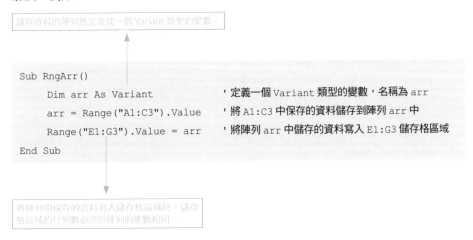

儲存資料的陣列應定義成一個 Variant 類型的變數。

```
Sub RngArr()
    Dim arr As Variant            '定義一個 Variant 類型的變數，名稱為 arr
    arr = Range("A1:C3").Value    '將 A1:C3 中保存的資料儲存到陣列 arr 中
    Range("E1:G3").Value = arr    '將陣列 arr 中儲存的資料寫入 E1:G3 儲存格區域
End Sub
```

將陣列中保存的資料寫入儲存格區域時，儲存
格區域的行列數必須與陣列的維數相同。

執行這個程序的效果如圖 3-36 所示。

	A	B	C	D	E	F	G	H	I	J	K
1	A001	李元智	研發部		A001	李元智	研發部				
2	A002	張生華	營業部		A002	張生華	營業部		使用陣列在單元格區域間傳遞資料		
3	A003	孫得勝	總經辦		A003	孫得勝	總經辦		引用透過儲存格建立的陣列中的數		
4											
5											
6											
7											
8											
9											
10											
11											
12											
13											

3-36 透過儲存格區域直接建立陣列

有一點需要注意,無論是將單行、單列,還是多行、多列區域中的資料儲存到陣列中,
所得的陣列都是索引號碼從 1 開始的二維陣列,引用陣列中的某個元素時,需要用到
兩個位數,如圖 3-37 所示。

```
Sub RngArr()
    Dim arr As Variant            ' 定義一個 Variant 類型的變數,名稱為 arr
    arr = Range("A1:C3").Value    ' 將 A1:C3 中保存的資料儲存到陣列 arr 中
    MsgBox arr(2, 3)              ' 用對話盒顯示陣列 arr 中第 2 行的第 3 個資料
End Sub
```

3-37 引用陣列中的某個元素

3-5-9 關於陣列，這些運算應該掌握

1‧用 UBound 函數求陣列的最大索引號碼

如果想知道一個陣列的最大索引號碼，可以使用 UBoun 函數，語句為：

```
UBound( 陣列名稱稱 )
```

例如：

```
Sub ArrayTest()
    Dim arr As Variant                              ' 定義一個 Variant 類型的變數，名稱為 arr
    arr = Array(1, 2, 3, 4, 5, 6, 7, 8, 9, 10)      ' 將 1 到 10 的自然數儲存到陣列
                                                      arr 中
    MsgBox  "陣列的最大索引號碼是：" & UBound(arr)   ' 用對話盒顯示陣列 arr 的最大索
                                                      引號碼
End Sub
```

執行這個程序的效果如圖 3-38 所示。

3-38 求陣列的最大索引號碼

2.用 LBound 函數求陣列的最小索引號碼

LBound 函數用於求陣列的最小索引號碼，其用法與 UBound 函數相同。

LBound (陣列名稱稱)

例如：

```
Sub ArrayTest()
    Dim arr As Variant              '定義一個 Variant 類型的變數，名稱為 arr
    arr = Array(1, 2, 3, 4, 5, 6, 7, 8, 9, 10)   '將 1 到 10 的自然數儲存到陣列
                                                    arr 中
    MsgBox "陣列的最小索引號碼是：" & LBound(arr)   '用對話盒顯示陣列 arr 的最小索引
                                                      號碼
End Sub
```

運行這個程序的效果如圖 3-39 所示。

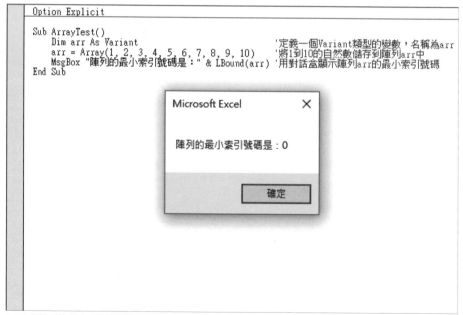

3-39 求陣列的最小索引號碼

3．求多維陣列的最大和最小索引號碼

如果陣列是多維陣列，要求它在某個維度的最大或最小索引號碼，還應透過第 2 參數
指定維數，

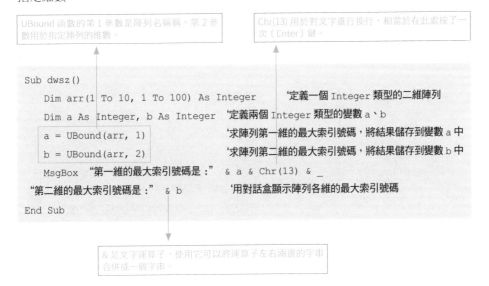

```
Sub dwsz()
    Dim arr(1 To 10, 1 To 100) As Integer        '定義一個 Integer 類型的二維陣列
    Dim a As Integer, b As Integer               '定義兩個 Integer 類型的變數 a、b
    a = UBound(arr, 1)                           '求陣列第一維的最大索引號碼，將結果儲存到變數 a 中
    b = UBound(arr, 2)                           '求陣列第二維的最大索引號碼，將結果儲存到變數 b 中
    MsgBox  "第一維的最大索引號碼是：" & a & Chr(13) & _
"第二維的最大索引號碼是：" & b                  '用對話盒顯示陣列各維的最大索引號碼
End Sub
```

運行這個程序的效果如圖 3-40 所示。

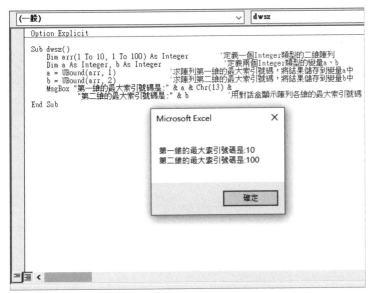

3-40 求二維陣列各維的最大索引號碼

4．求陣列包含的元素個數

如果要求一維陣列包含的元素個數，直接用陣列的最大索引號碼減最小索引號碼即可：

```
Ubound ( 陣列名稱稱 ) - LBound ( 陣列名稱稱 ) +1
```

例如：

```
Sub ArrayTest()
    Dim arr As Variant                  '定義一個 Variant 類型的變數，名稱為 arr
    arr = Array(1, 2, 3, 4, 5, 6, 7, 8, 9, 10)   '將 1 到 10 的自然數儲存到陣列
                                                           arr 中
    Dim a As Integer, b As Integer  '定義兩個 Integer 類型的變數 a、b
    a = UBound(arr)                 '求陣列的最大索引號碼，將結果儲存到變數 a 中
    b = LBound(arr)                 '求陣列的最小索引號碼，將結果儲存到變數 b 中
    MsgBox "陣列包含的元素個數是：" & a - b + 1 '用對話盒顯示陣列包含的元素個數
End Sub
```

執行這個程序的效果如圖 3-41 所示。

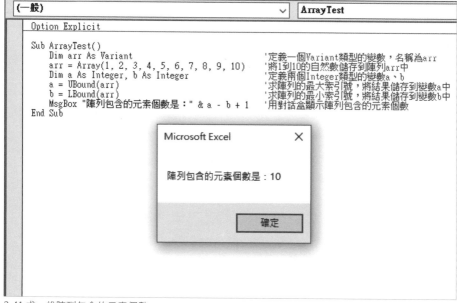

3-41 求一維陣列包含的元素個數

二維陣列可以看成是由多個一維陣列組成的，類似工作表中一個多行多列的矩形區域。如果陣列是二維陣列，只需求得該陣列的「長」和「寬」即可求得其包含的元素個數，例如：

```
Sub RngArr()
    Dim arr As Variant              '定義一個 Variant 類型的變數，名稱為 arr
    arr = Range("A1:C3").Value      '將 A1:C3 中保存的資料儲存到陣列 arr 裡
    Dim a As Integer, b As Integer  '定義兩個 Integer 類型的變數 a、b
    a = UBound(arr, 1)              '求陣列第一維的最大索引號碼，將結果儲存到變數 a 中
    b = LBound(arr, 1)              '求陣列第一維的最小索引號碼，將結果儲存到變數 b 中
    Dim c As Integer, d As Integer  '定義兩個 Integer 類型的變數 c、d
    c = UBound(arr, 2)              '求陣列第二維的最大索引號碼，將結果儲存到變數 c 中
    d = LBound(arr, 2)              '求陣列第二維的最小索引號碼，將結果儲存到變數 d 中
    '用對話盒顯示陣列包含的元素個數
    MsgBox "陣列包含的元素個數是：" & (a - b + 1) * (c - d + 1)
End Sub
```

運行這個程式的效果如圖 3-42 所示。

3-42 求二維陣列包含的元素個數

5 · 用 Join 函數將一維陣列合併成字串

Join 函數的作用和 Split 函數的作用相反。

Split 函數是將字串按指定字元拆分，並保存為陣列，Join 函數是將陣列中的元素使用指定的分隔符號連接成一個新的字串。例如：

```
Sub JoinTest()
    Dim arr As Variant, txt As String            '定義兩個變數
    '用 Array 函數將 0 到 9 的自然數保存為一維陣列 arr
    arr = Array(0, 1, 2, 3, 4, 5, 6, 7, 8, 9)
    '用 Join 函數以 @ 為分隔符號，合併陣列 arr 中的元素為一個字串，將結果保存到變數 txt 中
    txt = Join(arr, "@")
    MsgBox txt                               '用對話盒顯示合併陣列所得的字串
End Sub
```

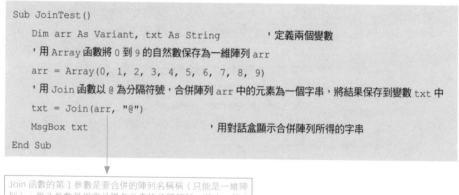

Join 函數的第 1 參數是要合併的陣列名稱稱（只能是一維陣列），第 2 參數是用來分隔各元素的分隔符號。其中，第 2 參數可以省略，如果省略，VBA 會使用空格作分隔符號。

運行這個程序所得的結果如圖 3-43 所示。

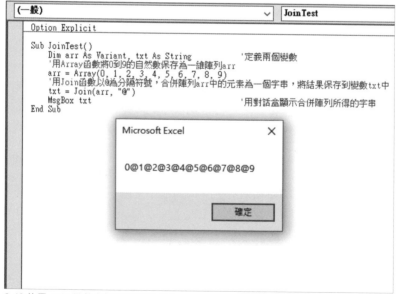

3-43 使用 Join 函數合併陣列中的元素

3-5-10 將陣列中保存的資料寫入儲存格區域

將陣列中保存的資料寫入儲存格，與幫變數賦值的語句一樣，是一個用等號「＝」連接的公式。例如：

```
Range("A1").Value=arr(2)
```
　　　　　　　'將陣列 arr 中索引號碼是 2 的元素寫入使用中的工作表的 A1 儲存格中如果要將陣列中保存的資料全部寫入儲存格中，可以批次操作。

例如：

```
Sub ArrToRng1()
    Dim arr As Variant '定義一個 Variant 類型的變數，名稱為 arr
    arr = Array(1, 2, 3, 4, 5, 6, 7, 8, 9, 10)
    '將陣列 arr 中保存的資料寫入使用中的工作表的 A1:A9 中
    Range("A1:A9").Value = Application.WorksheetFunction.Transpose(arr)
End Sub
```

> 將一維陣列寫入儲存格區域時，儲存格區域必須在同一行。如果要寫入垂直的一列儲存格區域，需先用工作表中的 Transpose 函數將陣列中保存的資料轉置為一列

運行這個程序後的效果如圖 3-44 所示。

無論是一維陣列還是二維陣列，在將陣列批次寫入儲存格區域時，儲存格的行列數必須與陣列的行列數一致。例如：

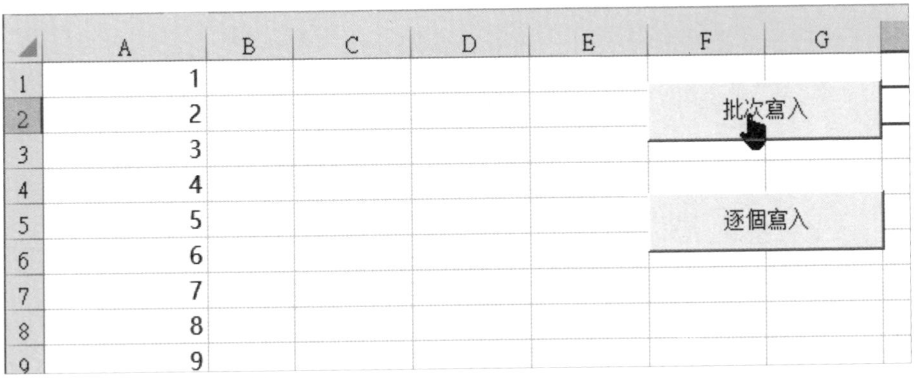

3-44 將一維陣列批次寫入儲存格區域

```
Sub ArrToRng2()
    Dim arr(1 To 2, 1 To 3) As String          '聲明一個 2 行 3 列的陣列
    arr(1, 1) = 1                              '給陣列中的各個元素賦值
    arr(1, 2) = "葉楓"
    arr(1, 3) = "男"
    arr(2, 1) = 2
    arr(2, 2) = "小月"
    arr(2, 3) = "女"
    Range("A1:C2").Value = arr                 '將陣列 arr 保存的資料寫入使用中的工作表的 A1:C2
                                               區域中
End Sub
```

> 6 個元素，對應 6 個儲存格。陣列包含 2 行
> 3 列，寫入的儲存格區域也應是 2 行 3 列。

運行這個程序後的效果如圖 3-45 所示。

	A	B	C	D	E	F	G
1	1	葉楓	男				
2	2	小月	女			批次寫入	
3							
4							
5						逐個寫入	
6							
7							
8							
9							
10							
11							
12							
13							
14							

3-45 將二維陣列寫入儲存格中

3-6 | 特殊資料的專用容器—常數

　　跟變數一樣，常數也是程式給資料預留的儲存空間，不過與變數不同的是，常數通常用來儲存一些固定不變的資料，如利率、稅率、圓周率等。

▌3-6-1 常數就像免洗餐盒

如果把變數看作是家裡的瓷器餐具，那麼常數就是餐廳裡用來打包飯菜只能使用一次的免洗餐盒。

家裡的瓷器餐具，使用過之後洗乾淨還能繼續使用，但餐廳的免洗餐盒大家見過有誰使用第二次嗎？變數可以更改儲存在其中的資料，而常數不可以，這就是變數和常數最主要的區別。

▌3-6-2 聲明常數時應同時給常數賦值

聲明常數時，應同時定義常數的名稱、可儲存的資料類型及儲存在其中的資料。語句為：

```
Const 常數名稱 As 資料類型 = 儲存在常數中的資料
```

例如：

```
Const p As Single = 3.14          '定義一個 Single 類型的常數，名稱為 p，常數儲存的
                                   資料為 3.14
```

▌3-6-3 常數也有不同的作用域

同定義變數一樣，在程序內部使用 Const 語句聲明的常數為本地常數，只可以在聲明常數的程序中使用；如果在模組的第 1 個程序之前使用 Const 語句聲明常數，該常數則被聲明為模組常數，該模組中的所有程序都可以使用它；如果想讓聲明的常數在所有模組中都能使用，應在模組的第 1 個程序之前使用 Public 語句將它聲明為公共常數。

3-7 物件、集合及物件的屬性和方法

在 VBA 中，Excel 的活頁簿、工作表、儲存格是物件，圖表、透視表、圖片也是物件，甚至儲存格的邊框線，插入的批註也是物件……可以說，VBA 就是一個充滿物件的世界。

3-7-1 物件就是用程式碼操作和控制的東西

物件就是東西，是用 VBA 程式碼操作和控制的東西，屬於名詞。

打開活頁簿，活頁簿就是物件；複製工作表，工作表就是物件；刪除儲存格，儲存格就是對象……我們在 Excel 中的每個操作都和物件有關，學習 VBA 程式設計，其實就是學習如何用程式碼操作和處理各種不同的物件。

3-7-2 物件的層次結構

物件很多，想弄清楚不同物件之間的關係，讓我們先想一想家中的廚房。廚房裡放著冰箱，冰箱裡有碗，碗裡裝著早餐要吃的雞蛋。無論是廚房、冰箱、碗還是雞蛋，都是東西，都可以看成是物件，這些不同的物件之間的層次關係如圖 3-46 所示。

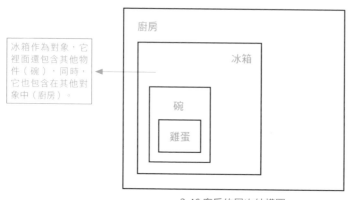

3-46 廚房的層次結構圖

廚房作為對象，裡面除了冰箱，可能還有洗碗機和電鍋，冰箱裡放著裝有雞蛋的碗，還放著裝著牛奶的瓶子，如圖 3-47 所示。

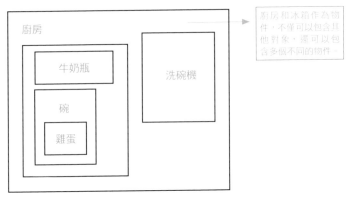

3-47 廚房的層次結構圖

在 VBA 的眼中，Excel 就是一間大廚房，廚房中有 Excel 的活頁簿物件，活頁簿物件中可能包含工作表物件，工作表中也包含多個儲存格區域，這些不同物件的層次關係如圖 3-48 所示。

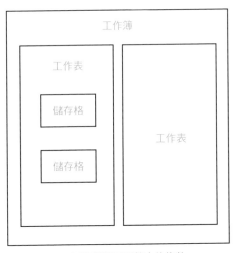

3-48 活頁簿及活頁簿中的物件

當然，Excel VBA 中的物件遠不止這些，大家可以在 Excel VBA 的線上說明中看到所有物件及各物件之間的關係，網址為「https://msdn.microsoft.com/ZH-TW/library/ff194068.aspx」，如圖 3-49 所示。

3-49 在 excel 線上說明中查看物件的資訊

3-7-3 集合就是多個同種類型的物件

集合也是物件，它是對多個相同類型的物件的統稱。集合就像冰箱裡的多個碗，無論這些碗是裝著雞蛋還是裝著瘦肉，都屬於同一類物件，可以統稱為「碗」，這裡的「碗」就是冰箱中所有碗的集合。

但是這個集合裡並不包含冰箱中裝牛奶的瓶子，因為瓶子不是碗，和碗不屬於一類。一個打開的活頁簿，裡面可能有多張工作表，無論這些工作表的名稱是什麼，裡面保存什麼資料，它們都屬於工作表，用 VBA 程式碼表示為 Worksheets。

3-7-4 怎樣表示集合中的某個物件

活頁簿中有多張工作表,一張工作表中有多個儲存格,當想把某個資料登錄儲存格時,就需要在程式中用程式碼告訴 VBA,我們要輸入資料的是哪張工作表的哪個儲存格。

所以,在學習 VBA 之前,得先學會怎樣用 VBA 程式碼表示某個特定的物件,即引用物件。

讓我們先想一想,能用什麼方法取得冰箱中那個裝雞蛋的碗。要吃雞蛋可以請家人幫忙。「麻煩去廚房把冰箱裡裝著雞蛋的碗拿來。」碗存放的地點(廚房裡的冰箱裡)以及碗的特徵(裝著雞蛋)都要描述清楚,這樣,家人才不會去洗碗機裡拿,也不會拿來那個裝著瘦肉的碗。

引用物件也一樣,只有將物件所處的位置及特徵描述清楚,VBA 才能讓引用到正確的物件。很多個活頁簿,若干張工作表,數不清的儲存格,怎樣表示「Book1」活頁簿的「Sheet2」工作表中的「A2」儲存格?就像取冰箱裡裝雞蛋的碗一樣,在哪裡拿,拿什麼,用 VBA 程式碼描述清楚就行了。

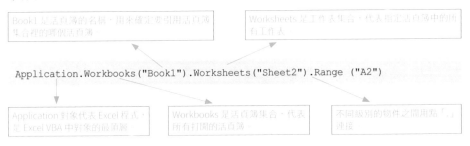

引用物件就像引用硬碟上的檔,要按從大到小的順序逐層引用。但並不是每次引用物件都必須嚴謹地從第 1 層開始,如果「Book1」活頁簿是活動活頁簿,程式碼可以寫為:

```
Worksheets("Sheet2").Range ("A2")
```

如果「Sheet2」工作表是使用中的工作表,程式碼甚至還可以簡寫為:

```
Range ("A2")
```

3-7-5 屬性就是物件包含的內容或具有的特徵

每個物件都有屬性。物件的屬性可以理解為這個物件包含的內容或具有的特徵。蘋果是有顏色的，顏色就是蘋果的屬性。我的體重，體重就是我的屬性。

與此類似，Sheet2 工作表的 A2 儲存格，A2 儲存格就是 Sheet2 工作表的屬性；A2 儲存格的字體，字體就是 A2 儲存格的屬性；字體的顏色，顏色就是字體的屬性。在這些描述物件的句子中，「的」字後面的內容總是「的」字前面的物件的屬性。

跟人類的語言不同，在 VBA 的語言中，「的」字用點「.」代替。如「我的衣服」應寫為「我 . 衣服」，「Sheet2 工作表的 A2 儲存格的字體的顏色」應寫為：

```
Worksheets("Sheet2").Range("A2").Font.Color
```

3-7-6 物件和屬性是相對而言的

儲存格不是對象嗎？為什麼 A2 儲存格會是 Sheet2 工作表的屬性？

有一點需要注意，物件和屬性是相對而言的。某些物件的某些屬性，返回的是另一個物件，如 Sheet1 工作表的 Range 屬性，返回的是儲存格對象。但 A2 儲存格本身也是一種物件，作為一種物件，它也有自己的屬性，如字體（Font），而字體又是另一種物件，也有自己的屬性，如顏色。物件和屬性是相對而言的，儲存格相對於字體來說是物件，相對於工作表來說是屬性。

如果想準確地知道某個關鍵字是不是屬性，可以在「程式碼」視窗中將游標定位到它的中間，按下〔F1〕鍵，透過 VBA 內建的說明資訊來辨別，如圖 3-50 所示。

3-50 查看 Value 屬性的說明資訊

3-7-7 方法就是在物件上執行的某個動作或操作

1 · 什麼是方法

方法是在物件上執行的某個動作或操作，每個物件都有其對應的一個或多個方法。如剪切儲存格，剪切是在儲存格上執行的操作，就是儲存格物件的方法；選中工作表，選中是在工作表上執行的操作，就是工作表物件的方法；保存活頁簿，保存就是活頁簿物件的方法……

物件和方法之間也用點「.」連接，如選中 A1 儲存格，寫成 VBA 程式碼為：

```
Range("A1").Select
```

2 · 方法和屬性的區別

屬性返回物件包含的內容或具有的特點，如子物件、顏色、大小等，屬於名詞；方法是對物件的一種操作，如選中、啟動等，屬於動詞。

3 · 怎樣辨別方法和屬性

除了透過 VBA 說明來分辨屬性和方法外，還可以根據【屬性 / 方法】清單中各項前面的圖示顏色來分辨屬性和方法。在「程式碼」視窗中輸入程式碼時，如果在某個物件的後面輸入點「.」（或按〔Ctrl〕＋〔J〕組合鍵），VBE 就會自動顯示一個【屬性／方法】清單，在清單中帶綠色圖示的項是方法，其他的就是屬性，如圖 3-51 所示。

3-51 物件的【屬性／方法】清單

如果在物件的後面輸入點後沒有顯示【屬性／方法】清單，應先在【選項】對話盒的【編輯器】選項卡中勾選「自動列出成員」核取方區塊，設置自動列出成員的操作程序如圖 3-52 所示。

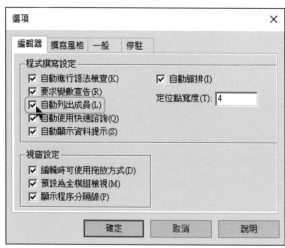

3-52 設置自動列出成員

儘管屬性和方法是兩個不同的概念，但在很多場合我們也沒必要準確地區分誰是屬性，誰是方法，只要能正確使用它們就行了。

3-8 連接資料的橋樑，VBA 中的運算子

作為一種程式設計語言，VBA 也有自己的運算子。程式執行的程序，就是對資料進行運算的程序。不同類型的資料，可以參與的運算類型也不同，所使用的運算子也不同。按不同的運算類別，VBA 中的運算子可以分為算術運算子、比較運算子、文字運算子和邏輯運算子四類。

3-8-1 算術運算子

算術運算子用來執行算數運算，運算結果是數值型的資料，VBA 中包含的算術運算子及具體用途如表 3-4 所示。

表 3-4 VBA 中的算術運算子及用途

運算子	作用	示範
+	求兩個數的和	5+9 = 14
-	求兩個數的差	8-5 = 3
	求一個數的相反數	-3 = -3
*	求兩個數的積	6*5 = 30
/	求兩個數的商	5/2 = 2.5
\	求兩個數相除後所得商的整數	5\2=2
^	求一個數的某次方	5^3 = 5*5*5=125
Mod	求兩個數相除後所得的餘數	12 Mod 9=3

┃3-8-2 比較運算子

比較運算子用於執行比較運算，如比較兩個數的大小。比較運算返回一個 Boolean 型的數據，只能是邏輯值 True 或 False，如表 3-5 所示。

表 3-5 VBA 中的比較運算子及用途

運算子	作用	語法	返回結果
=	比較兩個資料是否相等（等於）	運算式 1 ＝運算式 2	當兩個運算式相等時返回 True，否則返回 False
<>	比較兩個資料是否相等（不等於）	運算式 1<> 運算式 2	當運算式 1 不等於運算式 2 時返回 True，否則返回 False
<	比較兩個資料的大小（小於）	運算式 1< 運算式 2	當運算式 1 小於運算式 2 時返回 True，否則返回 False
>	比較兩個資料的大小（大於）	運算式 1> 運算式 2	當運算式 1 大於運算式 2 時返回 True，否則返回 False
<=	比較兩個資料的大小（小於或等於）	運算式 1<= 運算式 2	當運算式 1 小於或等於運算式 2 時返回 True，否則返回 False
>=	比較兩個資料的大小（大於或等於）	運算式 1> ＝運算式 2	當運算式 1 大於或等於運算式 2 時返回 True，否則返回 False
Is	比較兩個物件的引用變數	物件 1 Is 物件 2	當物件 1 和物件 2 引用相同的物件時返回 True，否則返回 False
Like	比較兩個字串是否匹配	字串 1 Like 字串 2	當字串 1 與字串 2 匹配時返回 True，否則返回 False

如果要知道使用中的工作表 A1 儲存格中的數值是否達到 500，程式碼為：

```
Range ("A1") >= 500
```

如果使用中的工作表的 B 列保存的是人的姓名，想判斷 B2 中的姓名是否姓李，可以用程式碼：

```
Range("B2") Like "李*"
```

「*」是萬用字元，代替任意多個字元，「李*」代表以「李」開頭的任意字串。

在 VBA 中，可以使用的萬用字元不止「*」一種，VBA 中可以使用的萬用字元及其介紹如表 3-6 所示。

表 3-6 VBA 中的萬用字元

萬用字元	作用	程式碼舉例
*	代替任意多個字元	"李家軍" Like "*家*" = True
?	代替任意的單個字元	"李家軍" Like "李??" = True
#	代替任意的單個數字	"商品 5" Like "商品 #" = True
[charlist]	代替位於 charlist 中的任意一個字元	"I" Like "[A-Z]" = True
[!charlist]	代替不在 charlist 中的任意一個字元	"I" Like "[!H-J]" = False

3-8-3 文字運算子

文字運算子用來連接兩個字串，VBA 中的文字運算子有 + 和 & 兩種，使用它們都能將運算符左右兩邊的字串合併為一個字串。

例如：

```
Sub HeBing()
    Dim a As String, b As String      '定義兩個 String 類型的變數，名稱分別為 a 和 b
    a = " 我在 ExcelHome 論壇 "         '幫變數 a 賦值
    b = " 學習 Excel"                  '幫變數 b 賦值
    Dim c As String, d As String      '定義兩個 String 類型的變數，名稱分別為 c 和 d
    c = a + b                         '用 + 連接變數 a 和 b，將結果保存在變數 c 中
    d = a & b                         '用 & 連接變數 a 和 b，將結果保存在變數 d 中
    MsgBox "+ 運算子的結果是：" & c & Chr(13) & _
    "& 運算子的結果是：" & d            '用對話盒顯示兩種運算子的結果
End Sub
```

運行這個程式的效果如圖 3-53 所示。

3-53 用文字運算子連接文字

運算子「+」和「&」都可以合併文字，且返回的結果也相同，它們的作用完全相同嗎？

如果參與計算的兩個資料都是文字字串，那運算子「+」和「&」的功能完全相同，但如果參與運算的資料類型不完全相同，計算結果就不一定相同了。

3-8-4 邏輯運算子

邏輯運算子用於執行邏輯運算，參與邏輯運算的資料為邏輯型資料，運算返回的結果
只能是邏輯值 True 或 False，如表 3-7 所示。

表 3-7 邏輯運算子及作用

運算子	作用	語句形式	計算規則
And	執行邏輯「與」運算	運算式 1 And 運算式 2	當運算式 1 和運算式 2 的值都為 True 時返回 True，否則返回 False
Or	執行邏輯「或」運算	運算式 1 Or 運算式 2	當運算式 1 和運算式 2 的其中一個表達式的值為 True 時返回 True，否則返回 False
Not	執行邏輯「非」運算	Not 運算式	當運算式的值為 Ture 時返回 False，否則返回 True
Xor	執行邏輯「異或」運算	運算式 1 Xor 運算式 2	當運算式 1 和運算式 2 返回的值不相同時返回 True，否則返回 False
Eqv	執行邏輯「等價」運算	運算式 1 Eqv 運算式 2 當運算式 1 和運算式 2	返回的值相同時返回 True，否則返回 False
Imp	執行邏輯「蘊含」運算	運算式 1 Imp 運算式 2	當運算式 1 的值為 True，運算式 2 的值為 False 時返回 False，否則返回 True。等同於 Not 運算式 1 Or 運算式 2

如果想判斷使用中的工作表 C2 和 D2 兩個儲存格中的資料是否有一個達到 60，可以
將程式碼寫為：

```
Range("C2") >= 60 Or Range("D2") >= 60
```

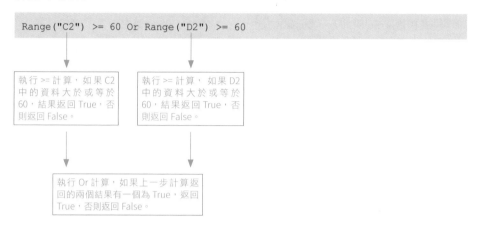

執行 >= 計算，如果 C2
中的資料大於或等於
60，結果返回 True，否
則返回 False。

執行 >= 計算，如果 D2
中的資料大於或等於
60，結果返回 True，否
則返回 False。

執行 Or 計算，如果上一步計算返
回的兩個結果有一個為 True，返回
True，否則返回 False。

如果 C2 和 D2 儲存格中保存的資料分別為 85 和 49，則這個程式碼的計算程序可以用
數學中的等式表示為：

```
Range ("C2") >= 60 Or Range("D2") >= 60
= True Or False
= True
```

∎ 3-8-5 多種運算中應該先計算誰

在 VBA 中，要先處理算數運算，然後處理字元串連接運算，接著處理比較運算，最後再處理邏輯運算，但可以用括弧來改變運算順序。

運算子按運算的優先順序由高到低的次序排列為：括弧→指數運算（乘方）→一元減（求相反數）→乘法和除法→整除（求兩個數相除後所得商的整數）→求模運算（求兩個數相除後所得的餘數）→加法和減法→字元串連接→比較運算→邏輯運算。詳情如表 3-8 所示。

表 3-8 運算子的優先順序

優先順序	運算名稱	運算子
1	括弧	( )
2	指數運算	^
3	求相反數	-
4	乘法和除法	*，/
5	整除	\
6	求模運算	Mod
7	加法和減法	+，-
8	字元串連接	&，+
9	比較運算	=，<>，<，>，<=，>=，Like，Is
10	邏輯運算	Not
11		And
12		Or
13		Xor
14		Eqv
15		Imp

同級運算按從左往右的順序進行計算。

當有多個邏輯運算子時，先計算 Not 運算，然後計算 And……最後計算 Imp。

3-9 │ VBA 中的內置函數

作為一種程式設計語言，VBA 中也有函數。在 VBA 中使用 VBA 的內置函數，與在工作表中使用工作表函數類似。

3-9-1 函數就是預先定義好的計算

什麼是函數？函數有什麼用？相信使用過 Excel 的人，絕大部分都對函數這個概念有所瞭解。

IF、SUM、MATCH……這些都是 Excel 工作表中的函數，函數其實就是預先定義好的計算式，是一個特殊的公式，如想知道當前的系統時間可以使用 Time 函數。

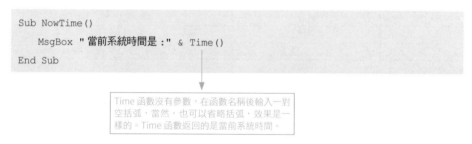

```
Sub NowTime()
    MsgBox "當前系統時間是 :" & Time()
End Sub
```

> Time 函數沒有參數，在函數名稱後輸入一對空括弧，當然，也可以省略括弧，效果是一樣的。Time 函數返回的是當前系統時間。

運行這個程序後的效果如圖 3-54 所示。VBA 為我們準備了許多內置函數，每個函數能完成的計算各不相同。根據需要，合理使用函數完成某些計算，可以有效地減少編寫代碼的工作量，降低程式設計的難度。

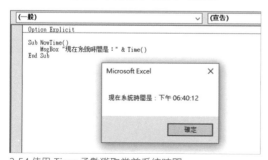

3-54 使用 Time 函數獲取當前系統時間

3-9-2 VBA 中有哪些函數

VBA 中所有的函數都可以在 VBA 說明中找到（https://msdn.microsoft.com/zh-tw/library/office/jj692811.aspx），如圖 3-55 所示。

3-55 VBA 說明中的函數資訊

函數雖然很多，但我們並不需要很精確地記住它們。如果記得某個函數的大致拼寫，在編寫程式碼時，只要在「程式碼」視窗中先輸入「VBA」，就可以在系統顯示的【函數清單】中選擇需要使用的函數，如圖 3-56 所示。

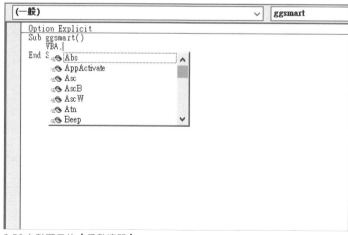

3-56 自動顯示的【函數清單】

3-10 | 控制程式執行的基本語句結構

在編寫程式時，常會遇到各種選擇與判斷的情形，此時你就會需要用到迴圈等方式來處理，而這些動作都是控制程式執行的語句，接下來要教大家的，就是會在 VBA 中出現的基本語句結構。

3-10-1 生活中無處不在的選擇

如果週末是晴天，那麼就約朋友去踏青，否則就去書店看書。週末是去野餐還是書店，由天氣情況決定，天氣不同，選擇的結果也不同。生活中，類似的選擇問題無處不在。

「如果你回家時路過水果行，那麼就幫我買幾斤蘋果，否則就不用帶了。」
「如果老闆能給我加薪資，那麼我就繼續做下去，否則就準備跳槽了。」
「如果你的月薪資超過 17000 元，那麼就需繳納個人所得稅，否則不用繳納。」……

類似的選擇問題都可以用「如果……那麼……否則……」這組關聯詞來描述，處理這樣的選擇問題，就像在岔道口選擇道路一樣，如圖 3-57 所示。類似的選擇問題，在 Excel 中也不少。

「如果 B2 中的數值達到 60，那麼在 C2 寫入‘及格’，否則就在 C2 寫入‘不及格’。」
「如果儲存格中保存了資料，那麼為該儲存格添加邊框線，否則就清除邊框線。」
「如果活頁簿中沒有名稱為‘匯總’的工作表，那麼就新建一張名稱為‘匯總’的工作表，否則不執行任何操作。」……類似的，根據條件，從給出的多種操作或計算中選擇適合的一個結果，這樣的問題我們將其稱為選擇問題。

週末是晴天嗎？

是　　　　否

去郊遊　　　　去看書

3-57 週末的行程計畫

3-10-2 用 If 語句解決 VBA 中的選擇問題

1.「If...Then」就是 VBA 世界裡的「如果……那麼……」

VBA 思考問題的方式與人類相同，只是語言規則不同而已。將「如果 B2 中的數值達到 60，那麼在 C2 寫入'及格'，否則就在 C2 寫入'不及格'」這句人類的語言，翻譯成 VBA 語言就是：

```
If Range("B2").Value >= 60 Then Range("C2").Value = " 及格 " Else Range("C2").Value = " 不及格 "
```

其中的「If...Then...Else...」就相當於人類語言中的「如果……那麼……否則……」，對照人類的語言，你能猜出這句程式碼中各部分的意思嗎？

用 VBA 的語言把我們要解決的問題及規則告訴 VBA，VBA 就能替我們完成這些計算任務。VBA 收到這串程式碼後，處理的方式與我們在岔道口選擇道路的思路一樣，先判斷 B2 中資料是否達到 60，再根據判斷的結果選擇要執行的操作，如圖 3-58 所示。

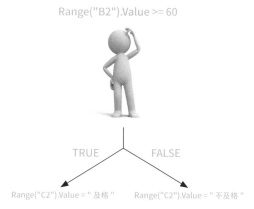

Range("B2").Value >= 60

TRUE   FALSE

Range("C2").Value = " 及格 "   Range("C2").Value = " 不及格 "

3-58 VBA 解決選擇問題的思路

讓我們在 B2 儲存格中輸入不同的數值，按下〔方法一〕按鈕來看看 C2 儲存格中會得到什麼結果，如圖 3-59 所示。

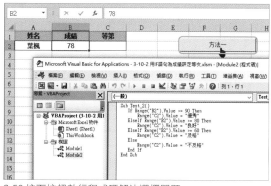

3-59 按下按鈕執行程式碼解決選擇問題

2‧通常我們將 If 語句寫成這樣

如前面介紹的那樣，可以將 If 語句寫成完整的一行程式碼，讓其完成選擇問題。但更多的時候，我們在程式中都將其寫成「區塊」的形式。如前面的程式碼可以寫為：

```
If Range("B2").Value >= 60 Then
    Range("C2").Value = " 及格 "
Else
    Range("C2").Value = " 不及格 "
End If
```

發現寫成「區塊」和寫成一行的 If 語句有什麼不同了嗎？

寫成「區塊」的 If 語句，實際上就是將寫在一行的 If 語句換行寫成多行，每個完整的、寫成「區塊」的 If 語句都有 5 個部分：

寫成「區塊」的 If 語句雖然佔用更多的行，但在結構上卻比寫成一行的程式碼要清晰得多，並且因為寫成區塊的 If 語句可以包含任意的操作和計算（第 2、4 部分的程式碼），所以比寫成一行的程式碼功能更強，能完成的任務也更多，適用性會更強。

3・If 語句不需寫足 5 個部分

If 語句實際就是用「如果……那麼……否則……」連起來的句子，但有時我們說出的句子可能是這樣的：「如果週末是晴天，那麼就來找朋友一起去野餐。」

類似的情況，在使用 Excel 的程序中也會遇到，例如，「如果 B2 中的數值達到 60，那麼在 C2 寫入'及格'。」也就是說，沒有「那麼」後的內容，如果要將類似的句子翻譯成 VBA 程式碼，就應省略 Else 及其之後的程式碼，將程式碼寫為：

```
If Range("B2").Value >= 60 Then Range("C2").Value = "及格"
```

如果要寫成「區塊」的形式，就是：

```
If Range("B2").Value >= 60 Then
    Range("C2").Value = "及格"
End If
```

沒有將週末不是晴天的行程納入行程計畫，那當週末不是晴天時，你還會考慮應該去哪裡嗎？既然沒有在 If 語句中設置 Else 及之後的程式碼，那當條件運算式返回 False 時，程式將直接跳過 If 語句，執行 End If 之後的其他程式碼。

4・用 If 語句解決需多次選擇的問題

通常，我們只使用 If 語句來解決「二選一」的問題，但有時，我們需要從多種結果中選擇其中的一個，可選項並不止兩個，就像面臨一條「一對多」的岔路，如圖 3-60 所示。

應該選擇走那一條路？

3-60「一分多」的岔路

不同的道路，代表 VBA 中不同的操作和計算。「如果 B2 中的資料達到 90，那麼在 C2 中寫入 '優秀'；如果 B2 中的資料達到 80，那麼在 C2 寫入 '良好'；如果 B2 中的資料達到 60，那麼在 C2 中寫入 '及格'；否則在 C2 中寫入 '不及格'。」讓我們用一張圖來幫助理解這個要完成的任務，如圖 3-61 所示。

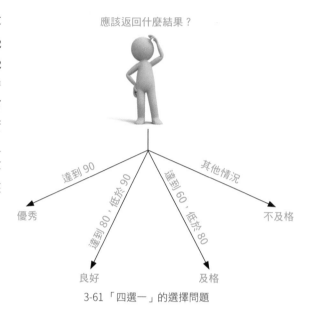

3-61「四選一」的選擇問題

從圖 3-61 中可以看到，這是一個「四選一」的問題，但前面介紹的 If 語句只能解決「二選一」的問題。要使用 If 語句解決這個問題，讓我們換一張圖來分析這個問題，如圖 3-62 所示。

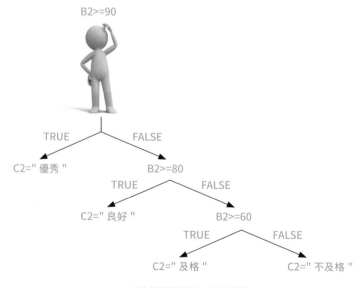

3-62 根據資料大小評定等第

這樣,「四選一」的問題就變成了 3 個「二選一」的問題,使用 3 個 If 語句就可以
解決了,程式碼為:

```
Sub Test()
    If Range("B2").Value >= 90 Then
        Range("C2").Value = "優秀"
    Else
        If Range("B2").Value >= 80 Then
            Range("C2").Value = "良好"
        Else
            If Range("B2").Value >= 60 Then
                Range("C2").Value = "及格"
            Else
                Range("C2").Value = "不及格"
            End If
        End If
    End If
End Sub
```

就像在 Excel 的公式中嵌套使用函數一樣,可以在 If 語句中嵌套使用 If
語句,但每個 If 語句都應有一個 End If 與之配對,且不能寫錯位置。

事實上,一個 If 語句也可以完成多次判斷,如本例的程式碼還可以寫為:

```
Sub Test ()
    If Range("B2").Value >= 90 Then
        Range("C2").Value = "優秀"
    ElseIf Range( "B2" ).Value >= 80 Then
        Range("C2").Value = "良好"
    ElseIf Range( "B2" ).Value >= 60 Then
        Range("C2").Value = "及格"
    Else
        Range("C2").Value = "不及格"
    End If
End Sub
```

增加使用 ElseIf 子語句,就可以在 If 語句中增加判斷的條件。If 語句允
許增加任意多個 ElseIf 子句,用來解決任意的「多選一」問題。

3-10-3 使用 Select Case 語句解決「多選一」的問題

儘管使用 If 語句可以解決「多選一」的問題，但當判斷的條件過多時，使用多個 ElseIf 子句或多個 If 語句，就像一句話裡用了太多的「如果」，總會為理解程式碼的邏輯帶來或多或少的障礙。

通常，當需要在 3 種或更多策略中做出選擇時，我們會選擇使用 Select Case 語句來解決。如前面根據數值大小評定等第的問題，使用 Select Case 語句解決的程式碼可以為：

```
Sub Test()
    Select Case Range("B2").Value
        Case Is >= 90
            Range("C2").Value = "優秀"
        Case Is >= 80
            Range("C2").Value = "良好"
        Case Is >= 60
            Range("C2").Value = "及格"
        Case Else
            Range("C2").Value = "不及格"
    End Select
End Sub
```

跟使用 ElseIf 子句的 If 語句一樣，Select Case 語句可以判斷任意多個條件，可以解決任意的「多選一」問題。而 Select Case 語句的結構也很簡單：

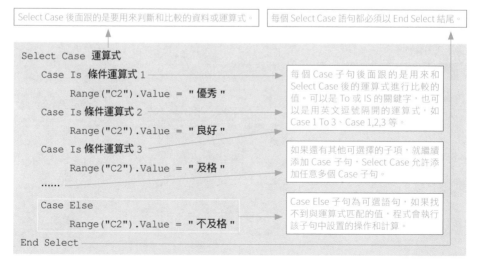

Select Case 後面跟的是要用來判斷和比較的資料或運算式。

每個 Select Case 語句都必須以 End Select 結尾。

```
Select Case 運算式
    Case Is 條件運算式 1
        Range("C2").Value = " 優秀 "
    Case Is 條件運算式 2
        Range("C2").Value = " 良好 "
    Case Is 條件運算式 3
        Range("C2").Value = " 及格 "
    ......
    Case Else
        Range("C2").Value = " 不及格 "
End Select
```

每個 Case 子句後面跟的是用來和 Select Case 後的運算式進行比較的值。可以是 To 或 IS 的關鍵字，也可以是用英文逗號隔開的運算式，如 Case 1 To 3、Case 1,2,3 等。

如果還有其他可選擇的子項，就繼續添加 Case 子句，Select Case 允許添加任意多個 Case 子句。

Case Else 子句為可選語句，如果找不到與運算式匹配的值，程式會執行該子句中設置的操作和計算。

與 If...Then...ElseIf 語句一樣，在執行時，VBA 會將 Select Case 後面的運算式與各個 Case 子句後面的運算式進行對比，如果 Case 子句的運算式與 Select Case 後的運算式匹配，則執行對應的操作或計算，然後退出整個語句區塊，執行 End Select 後面的語句，否則將繼續進行判斷。

讓我們借助本小節評定等第的程式碼，來理解 Select Case 語句的執行流程，如圖 3-63 所示。

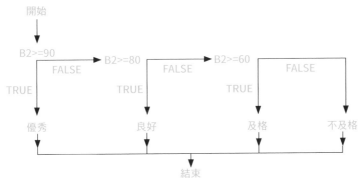

3-63 select case 語句的執行流程

因為 Select Case 語句一旦找到匹配的值後就會跳出整個語句區塊，所以為了儘量減少程式判斷的次數，在設置條件時，應儘量把最有可能發生的情況寫在前面。

3-10-4 用 For...Next 語句迴圈執行同一段程式碼

1 · 有些操作或計算需要重複執行

在使用 Excel 的程序中，大家一定遇到過需要重複執行多次的操作或計算，如果要新建 5 張工作表，可以執行圖 3-64 所示的操作 5 次。

3-64 插入新工作表的命令

在使用中的工作表前插入一張新工作表的操作，如果寫成 VBA 程式，就是：

```
Sub ShtAdd()
    Worksheets.Add                          ' 在使用中的工作表前插入一張新工作表
End Sub
```

執行這個程式一次，Excel 就會在使用中的工作表前插入一張新工作表，要插入幾張
工作表，就執行幾次程式。執行程式，就像播放音樂。喜歡聽的歌，設置好迴圈播放，
想聽幾遍就聽幾遍，再也不用一遍一遍重新播放了。

程式中的程式碼也可以像迴圈播放音樂一樣迴圈執行，For...Next 語句就是控制程式
碼迴圈執行的開關。

2‧讓相同的程式碼重複執行多次
如果想讓插入新工作表的程式碼重複執行 5 次，可以將程式改寫為：

```
Sub ShtAdd()
    Dim i As Byte                          ' 定義一個 Byte 類型的變數，名稱為 i
    For i = 1 To 5 Step 1
    Worksheets.Add                          ' 在使用中的工作表前插入一張新工作表
    Next i
End Sub
```

讓我們看看執行這個程式之後，Excel 做了什麼操作，如圖 3-65 所示。

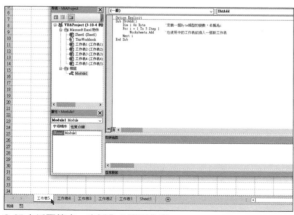

3-65 在活頁簿中一次插入 5 張工作表

3. For...Next 語句是這樣執行的

只執行一次程式，Excel 就在活頁簿中插入了 5 張新工作表，這是因為 For...Next 語句
讓插入工作表的程式碼 Worksheets.Add 重複執行了 5 次。

可是，For...Next 語句是怎麼控制程式，讓相同的程式碼重複執行 5 次的？如果要讓
相同的程式碼重複執行 10 次、20 次，程式應該怎樣寫？

VBA 靠 For i = 1 To 5 Step 1 中的 3 個數位來確定要迴圈執行程式碼的次數。每個
For...Next 語句都可以寫成這樣的結構：

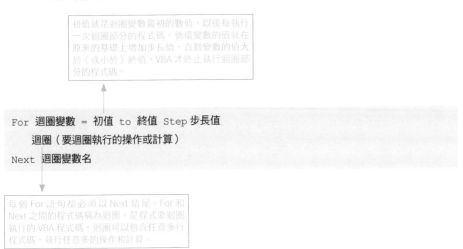

初值就是迴圈變數最初的數值，以後每執行
一次迴圈部分的程式碼，循環變數的值就在
原來的基礎上增加步長值，直到變數的值大
於（或小於）終值，VBA 才終止執行迴圈部
分的程式碼。

```
For 迴圈變數 = 初值 to 終值 Step 步長值
    迴圈（要迴圈執行的操作或計算）
Next 迴圈變數名
```

每個 For 語句都必須以 Next 結尾。For 和
Next 之間的程式碼稱為迴圈，是程式要迴圈
執行的 VBA 程式碼，迴圈可以包含任意多行
程式碼，執行任意多的操作和計算。

將 For 語句的第一行程式碼編寫成 For i = 1 To 5 Step 1，說明在執行程式時，VBA 會
讓迴圈變數 i 的值從 1 增加到 5，每次增加 1（增加多少，由 Step 後的數字確定）。
因為從 1 增加到 5 需要加 5 次步長值，所以 VBA 會迴圈執行 5 次迴圈部分的程式碼，
如圖 3-66 所示。

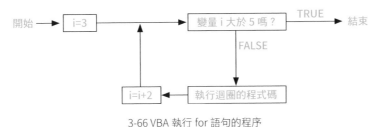

3-66 VBA 執行 for 語句的程序

如果 For 語句的第 1 行是「For i = 3 To 13 Step 2」，則 VBA 會執行迴圈部分的程式碼 6 次，具體的執行程序如圖 3-67 所示。

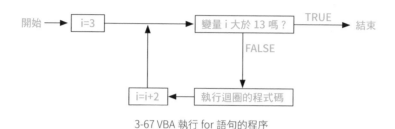

3-67 VBA 執行 for 語句的程序

通常我們都將迴圈變數的終值設置為一個大於初值的數，但也可以將終值設置為小於初值的數，例如：

```
For i = 5 To 1 Step -1
```

如果終值是小於初值的一個數，那 Step 後的步長值應設置為一個負整數。

面對這樣的程式碼，VBA 每執行一次迴圈，變數 i 就增加步長值 -1，直到變數 i 的值小於終值 1，VBA 才終止執行 For 語句，退出迴圈，具體的執行程序如圖 3-68 所示。

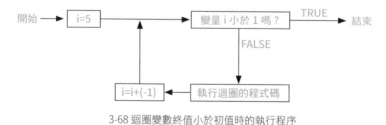

3-68 迴圈變數終值小於初值時的執行程序

TIPS 當迴圈變數的終值大於初值時，步長值應設置為正整數，當迴圈變數的終值小於初值時，步長值應設置為負整數，否則程式不會執行。

4 · 使用 Exit For 終止 For 迴圈

For...Next 語句透過迴圈變數的初值、終值和步長值 3 個資料確定執行迴圈的次數，但可以在迴圈中任意位置加入 Exit For 來終止迴圈。

無論 For...Next 語句設置迴圈執行多少次，當執行 Exit For 語句後，VBA 都會退出 For 迴圈，執行 Next 語句之後的程式碼，如圖 3-69 所示。

實際上，For...Next 語句總可以寫成這樣的結構：

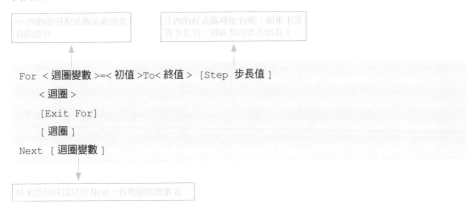

```
For <迴圈變數>=<初值>To<終值> [Step 步長值]
    <迴圈>
    [Exit For]
    [迴圈]
Next [迴圈變數]
```

3-69 執行 exit for 語句終止 for 迴圈

5．利用迴圈，為多個成績評定等第

還記得怎樣為圖 3-70 所示的成績評定等第嗎？成績保存在 B 列，等第寫在 C 列。怎樣用 VBA 程式碼根據 B 列的成績求得對應的等第，並將其寫入同行 C 列的儲存格中？

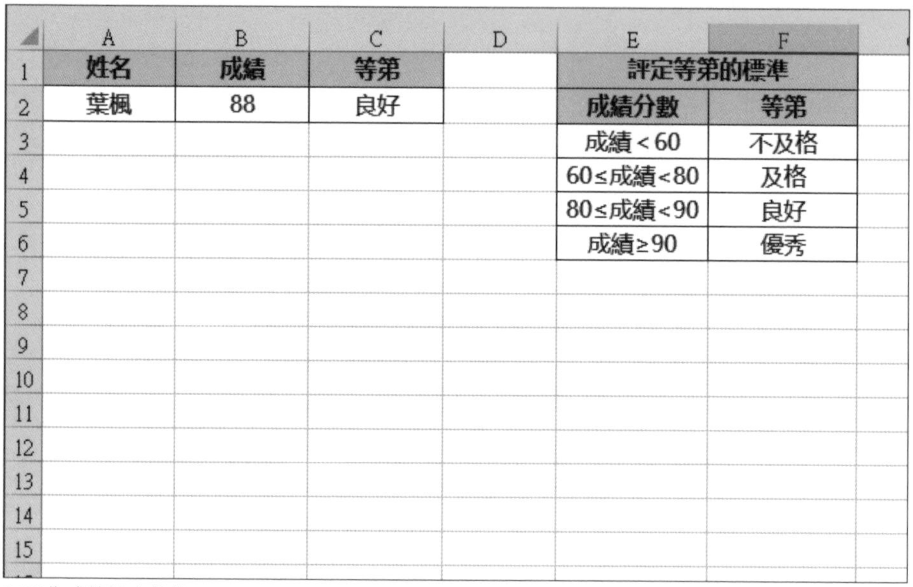

	A	B	C	D	E	F	
1	**姓名**	**成績**	**等第**		**評定等第的標準**		
2	葉楓	88	良好		**成績分數**	**等第**	
3					成績＜60	不及格	
4					60≤成績＜80	及格	
5					80≤成績＜90	良好	
6					成績≥90	優秀	
7							
8							
9							
10							
11							
12							
13							
14							
15							

3-70 為成績評定等第

```
Sub Test()
    Select Case Range("B2").Value        'B2 中的資料是要判斷的資料
        Case Is >= 90
            Range("C2").Value = " 優秀 "   'B2 中的資料達到 90 時要執行的程式碼
        Case Is >= 80
            Range("C2").Value = " 良好 "   'B2 中的資料達到 80 時要執行的程式碼
        Case Is >= 60
            Range("C2").Value = " 及格 "   'B2 中的資料達到 60 時要執行的程式碼
        Case Else
            Range("C2").Value = " 不及格 " 'B2 中的資料是其他情況時要執行的程式碼
    End Select
End Sub
```

可是，這樣的程式只能處理一條記錄，如果我們要處理的是圖 3-71 所示的資料，應該怎麼辦呢？

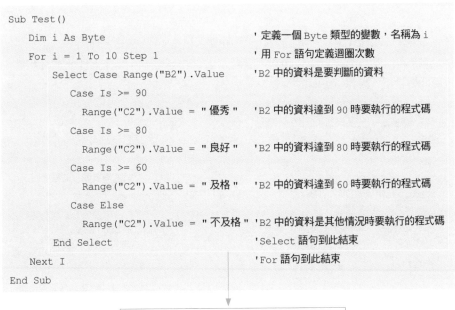

3-71 保存多條記錄的成績表

參照新建工作表的例子，將評定等第的程式碼設置為 For 語句的迴圈，記錄有幾條，就迴圈執行幾次，不就可以了嗎？讓我們看看直接將評定等第的程式碼迴圈執行 10 次能得到什麼結果，如圖 3-72 所示。

```
Sub Test()
    Dim i As Byte                          '定義一個 Byte 類型的變數，名稱為 i
    For i = 1 To 10 Step 1                  '用 For 語句定義迴圈次數
        Select Case Range("B2").Value      'B2 中的資料是要判斷的資料
            Case Is >= 90
                Range("C2").Value = "優秀"   'B2 中的資料達到 90 時要執行的程式碼
            Case Is >= 80
                Range("C2").Value = "良好"   'B2 中的資料達到 80 時要執行的程式碼
            Case Is >= 60
                Range("C2").Value = "及格"   'B2 中的資料達到 60 時要執行的程式碼
            Case Else
                Range("C2").Value = "不及格" 'B2 中的資料是其他情況時要執行的程式碼
        End Select                         'Select 語句到此結束
    Next I                                 'For 語句到此結束
End Sub
```

整個 Select...Case 語句都被設置為 For...Next 語句的迴圈，循環執行的就是整個 Select...Case 語句。

評定等第的程式碼雖然被重複執行了 10 次，但是卻只有一個分數被評定了等第。

▲	A	B	C	D	E	F	G	H	I	J	K	L
1	姓名	成績	等第		評定等第的標準							
2	葉楓	88	良好		成績分數	等第						
3	小月	97			成績<60	不及格						
4	老祝	92			60≤成績<80	及格						
5	空空	76			80≤成績<90	良好						
6	大剛	35			成績≥90	優秀						
7	馬林	86										
8	王才	66										
9	張華	45										
10	李小麗	70										
11	鄧先	82										

Microsoft Visual Basic for Applications - 3-10-4 利用循環語句批次為成績評等第.xlsm - [Module1 (程式碼)]

檔案(F) 編輯(E) 檢視(V) 插入(I) 格式(O) 偵錯(D) 執行(R) 工具(T) 增益集(A) 視窗(W) 說明(H)

專案 - VBAProject

VBAProject (3-10-4 利
- Microsoft Excel 物件
  - Sheet2 (Sheet1)
  - ThisWorkbook
- 模組
  - Module1

```
Option Explicit
Sub Test()
    Dim i As Byte                              '定義一個Byte類型的變數，名稱為i
    For i = 1 To 10 Step 1                      '用For語句定義循環次數
        Select Case Range("B2").Value          'B列第i行的成績是要評定等第的成績
            Case Is >= 90
                Range("C2").Value = "優秀"       '成績達到90時要執行的程式碼
            Case Is >= 80
                Range("C2").Value = "良好"       '成績達到80時要執行的程式碼
            Case Is >= 60
                Range("C2").Value = "及格"       '成績達到60時要執行的程式碼
            Case Else
                Range("C2").Value = "不及格"     '成績是其他情況時要執行的程式碼
        End Select                             'Select語句到此結束
    Next i                                     'For語句到此結束
End Sub
```

3-72 執行程式後未得到期望的結果

評定等第的 Select...Case 語句雖然執行了 10 次，但這 10 次都是處理同一條記錄，所以只為一個分數評定了等第。讓我們看看 Select...Case 語句中用來對比的成績和寫入等第的儲存格，大家就會明白了。

看到了嗎？用來評定等第的是 B2 中的成績，寫入等第的是 C2 儲存格。無論執行多少次 Select...Case 語句，都是 B2 和 C2 這兩個儲存格在參與程式碼運算。

```
Select Case Range("B2").Value          'B2 中的資料是要判斷的資料

    Case Is >= 90

        Range("C2").Value = " 優秀 "       'B2 中的資料達到 90 時要執行的程式碼

    ……

End Select
```

要解決這個問題，不僅要讓 Select...Case 語句重複執行 10 次，還要讓每次執行時，參與計算的儲存格都不是固定的儲存格。執行第 1 次，參與計算的是 B2 和 C2 儲存格，執行第 2 次，參與計算的是 B3 和 C3 儲存格……執行第 10 次，參與計算的是 B11 和 C11 儲存格。要解決這一問題，只要用一個變數去代替 Range("B2") 和 Range("C2") 中的數字 2，讓這個變數每執行一次就在原來的基礎上增加 1 就可以了，示範程式碼如下。

```
Sub Test()
    Dim i As Byte                          '定義一個 Byte 類型的變數，名稱為 i
    Dim Irow As Byte                       '定義一個 Byte 類型的變數，名稱為 Irow
    Irow = 2                               '要判斷的第 1 條記錄在第 2 行，所以變數
                                            初始值設置為 2
    For i = 1 To 10 Step 1                 '用 For 語句定義迴圈次數
      Select Case Range("B" & Irow).Value 'B 列第 Irow 行的成績是要評定的成績
        Case Is >= 90
            Range("C" & Irow).Value = "優秀"      '成績達到 90 時要執行的程式碼
        Case Is >= 80
            Range("C" & Irow).Value = "良好"      '成績達到 80 時要執行的程式碼
        Case Is >= 60
            Range("C" & Irow).Value = "及格"      '成績達到 60 時要執行的程式碼
        Case Else
            Range("C" & Irow).Value = "不及格"    '成績是其他情況時要執行的程式碼
      End Select 'Select 語句到此結束
      Irow = Irow + 1                      '讓變數 Irow 的值增加 1，讓程式碼能在下
                                            次執行時能處理其他資料
    Next I                                 'For 語句到此結束
End Sub
```

用 "C" & Irow 的運算結果代替
原來程式碼中的 "C2"。

修改程式碼後，讓我們再次執行程式，看看得到什麼結果，如圖 3-73 所示。

評定成績等第的 Select...Case 語句能重複執行 10 次，每次都能處理不同儲存格中的資料，變數在其中起了至關重要的作用。

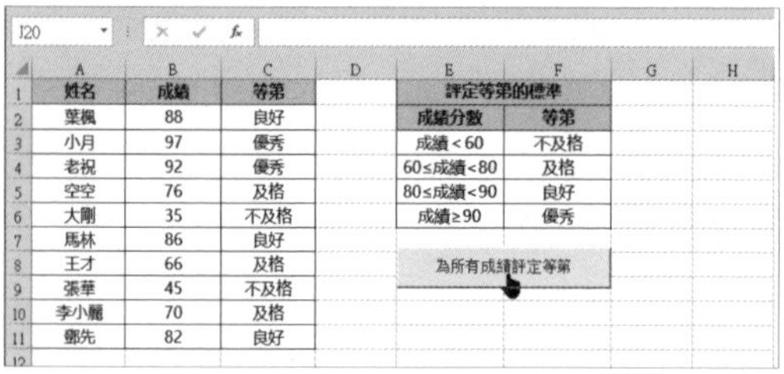

3-73 為所有成績評定等第

在這個程式中，我們共使用了兩個變數，一個用來控制重複執行 Select...Case 語句的次數，一個用來控制程式碼要處理的儲存格，我們也可以用同一個變數來完成這兩個任務，將程式碼寫為：

```
Sub Test()
    Dim i As Byte                           '定義一個 Byte 類型的變數，名稱為 i
    For i = 2 To 11 Step 1                   '用 For 語句定義迴圈次數
        Select Case Range("B" & i).Value    'B 列第 i 行的成績是要評定等第的成績
            Case Is >= 90
                Range("C" & i).Value = "優秀"      '成績達到 90 時要執行的程式碼
            Case Is >= 80
                Range("C" & i).Value = "良好"      '成績達到 80 時要執行的程式碼
            Case Is >= 60
                Range("C" & i).Value = "及格"  '成績達到 60 時要執行的程式碼
            Case Else
                Range("C" & i).Value = "不及格"    '成績是其他情況時要執行的程式碼
        End Select                           'Select 語句到此結束
    Next I                                   'For 語句到此結束
End Sub
```

3-10-5 用 For Each...Next 語句迴圈處理集合或陣列中的成員

當需要迴圈處理一個陣列中的每個元素或集合中的每個成員時，使用 For Each...Next 語句會更方便。

1 · 將活頁簿中所有工作表名寫入儲存格中

如果想把一個活頁簿中每張工作表的名稱都寫入儲存格中，如圖 3-74 所示。實際就是將 Worksheets 這個集合中的每個成員都操作一遍（獲取它們的名稱，並寫入儲存格）。

3-74 將所有工作表名稱寫入使用中的工作表 A 列

讓我們來看看 For Each...Next 語句解決這個問題的程式碼是什麼樣的？

變數 sht 是迴圈變數，因為是在工作表集合（Worksheets）中迴圈，所以變數類型必須定義為與之對應的 Worksheet 類型。

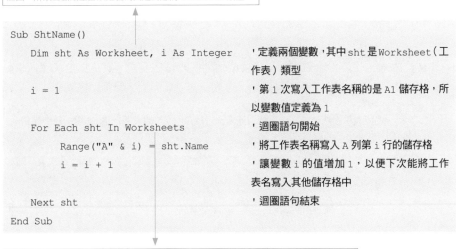

```
Sub ShtName()
    Dim sht As Worksheet, i As Integer    '定義兩個變數,其中sht是Worksheet(工
                                             作表)類型
    i = 1                                 '第 1 次寫入工作表名稱的是 A1 儲存格,所
                                             以變數值定義為 1
    For Each sht In Worksheets            '迴圈語句開始
        Range("A" & i) = sht.Name         '將工作表名稱寫入 A 列第 i 行的儲存格
        i = i + 1                         '讓變數 i 的值增加 1,以便下次能將工作
                                             表名寫入其他儲存格中
    Next sht                              '迴圈語句結束
End Sub
```

Worksheets 中包含多少張工作表，程式就執行幾次迴圈（For 和 Next 之間的程式碼）。

Worksheets 代表活動活頁簿中所有的工作表,活頁簿中有多少張工作表,程式就執行迴圈幾次。每次執行迴圈時,變數 sht 都引用集合中不同的工作表,執行第 1 次,sht 引用第 1 張工作表,執行第 2 次,sht 引用第 2 張工作表……執行最後一次,sht 引用最後一張工作表。

所以,不管活頁簿中包含多少張工作表,執行程式後,VBA 都會把所有工作表的標籤名稱依次寫入使用中的工作表的 A 列儲存格。

使用 For Each...Next 語句定義迴圈條件時,不像 For...Next 那樣複雜,所以使用起來會更簡單、更方便。但 For Each...Next 語句只能在一個集合中的所有物件或一個陣列的所有元素中進行迴圈。

2. For Each..Next 語句的形式

For Each...Next 語句總可以寫成這樣的結構:

> 如果是在集合中迴圈,變數應定義為相應的物件類型;
> 如果是在陣列中迴圈,變數應定義為 Variant 類型。

```
For Each 變數 In 集合名稱或陣列名稱
    語句區塊 1
    [Exit For]
    [ 語句區塊 2]
Next [ 元素變數 ]
```

For Each...Next 語句透過變數來遍歷集合或陣列中的每個元素,無論集合或陣列中有多少個元素,它總是從第 1 個元素開始,直到最後一個元素,然後退出迴圈。

> **TIPS** 當在一個陣列中迴圈時,不能對陣列元素進行賦值 (或修改元素的值),對於已經賦值的物件陣列,也只能修改它的屬性。

3-10-6 用 Do 語句按條件控制迴圈

如果不是在物件集合或陣列中迴圈，也不方便透過迴圈變數的初值和終值來確定迴圈次數，可以試試使用 Do 語句來設置迴圈語句。

VBA 中的 Do 語句分為兩種：Do While 語句和 Do Until 語句，它們的功能及使用方法相似。

1 · 使用 Do While 語句執行重複操作

如果想在活動活頁簿中插入 5 張新工作表，讓我們來看看 Do While 語句的解決方法：

```
Sub ShtAdd()
    Dim i As Byte            ' 定義一個 Byte 類型的變數，名稱為 i
    i = 1                    ' 幫變數 i 賦值
    Do While i <= 5          ' 當變數 i 小於或等於 5 時執行迴圈
        Worksheets.Add       ' 在使用中的工作表前插入一張新工作表
        i = i + 1            ' 每執行一次迴圈，變數 i 的值就增加 1
    Loop                     ' Do 語句結束的標誌
End Sub
```

> i<=5 是設置的迴圈條件。迴圈條件通常是一個比較評算式或返回結果是 True 或 False 的運算式，只有該條件返回結果為 False 時，VBA 才會終止迴圈，執行 Loop 之後的程式碼。

> 每個 Do 語句都必須以 Loop 結尾，Do 和 Loop 之間的程式碼就是要重複執行的程式碼（迴圈）。

這個程式執行的思路如圖 3-75 所示。

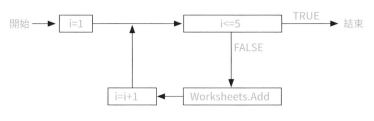

3-75 do While 語句執行的思路

2 ·: 在 Do 語句結尾處設置迴圈條件

還可以在 Do 語句的結尾處設置迴圈條件，將程式寫為：

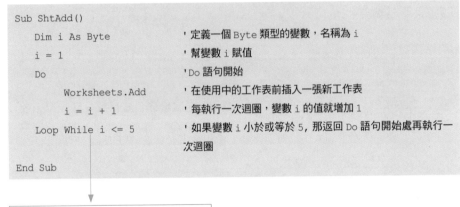

```
Sub ShtAdd()
    Dim i As Byte              '定義一個 Byte 類型的變數，名稱為 i
    i = 1                      '幫變數 i 賦值
    Do                         'Do 語句開始
        Worksheets.Add         '在使用中的工作表前插入一張新工作表
        i = i + 1              '每執行一次迴圈，變數 i 的值就增加 1
    Loop While i <= 5          '如果變數 i 小於或等於 5, 那返回 Do 語句開始處再執行一
                               '次迴圈
End Sub
```

先執行一遍迴圈中的程式碼，到 Loop 語句時，
再透過判斷變數 i 是否小於 5，來確定是否返回
Do 語句開始處並再次執行迴圈中的程式碼。

如果將迴圈條件設置在 Do 語句的末尾，VBA 會按圖 3-76 所示的思路執行程式。

3-76 結尾判斷式的 do While 語句的執行流程

3‧Do While 語句可以分為兩種

按設置迴圈條件的位置區分，可以將 Do While 語句分為開頭判斷式和結尾判斷式，
其語句結構如下。

（1）開頭判斷式：

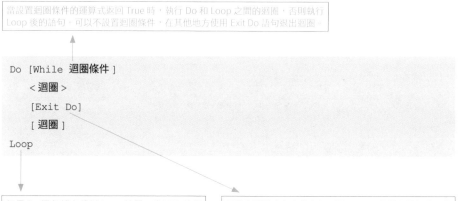

當設置迴圈條件的運算式返回 True 時，執行 Do 和 Loop 之間的迴圈，否則執行
Loop 後的語句。可以不設置迴圈條件，在其他地方使用 Exit Do 語句退出迴圈。

```
Do [While 迴圈條件]
    <迴圈>
    [Exit Do]
    [迴圈]
Loop
```

每個 Do 語句都必須以 Loop 結尾，當 VBA 執行
到 Loop 處時，會返回 Do 語句處，重新判斷迴
圈條件，再確定是否繼續執行迴圈。

如果在迴圈中存在 Exit Do 語句，VBA 執行該語句後，將
跳出迴圈，執行 Loop 後的語句。

（2）結尾判斷式：

```
Do
    <迴圈>
    [Exit Do]
    [迴圈]
Loop [While 迴圈條件]
```

當迴圈條件返回 True 時，程式返回 Do 語句
開始處，再執行一次迴圈中的程式碼，否則
終止迴圈，執行 Loop 語句之後的程式碼。

有一點需要注意，如果把迴圈條件設置在 Do While 語句的結尾處，無論迴圈條件一
開始返回的結果是 True 還是 False，VBA 都會先執行一次迴圈的程式碼後，再對迴圈
條件進行判斷。所以，當迴圈條件一開始就為 False 時，使用結尾判斷式的 Do While
語句會比開頭判斷式的語句要多執行一次迴圈，其他時候執行次數相同。

4.在迴圈中設置退出迴圈的條件

無論是什麼迴圈語句，都可以在迴圈中透過其他程式碼，來控制程式是否繼續執行迴圈體，示範程式碼如下。

```
Sub ShtAdd()
    Dim i As Byte              '定義一個 Byte 類型的變數，名稱為 i
    i = 1                      '幫變數 i 賦值
    Do                         'Do 語句開始
        If i > 5 Then Exit Do  '如果變數 i 的值大於 5，那麼終止迴圈
        Worksheets.Add         '在使用中的工作表前插入一張新工作表
        i = i + 1              '每執行一次迴圈，變數 i 的值就增加 1
    Loop                       'Do 語句結束的標誌
End Sub
```

5.使用 Do Until 語句執行重複的操作

Do Untile 語句同 Do While 語句的語法幾乎完全相同，並且 Do Until 語句也有開頭判斷和結尾判斷兩種語句形式。

（1）開頭判斷式：

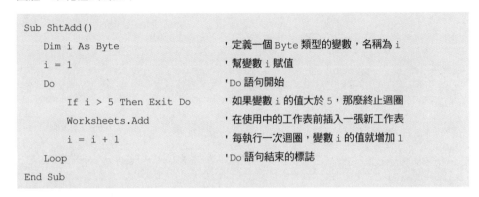

```
Do [Until 迴圈條件]
    <迴圈>
    [Exit Do]
    [迴圈]
Loop
```

> 迴圈條件通常是一個返回結果是 True 或 False 的運算式，只有該條件返回 True 時，VBA 才會終止迴圈，執行 Loop 之後的程式碼。可以不設置迴圈條件，在其他地方使用 Exit Do 語句退出迴圈。

（2）結尾判斷式：

```
Do
    <迴圈>
    [Exit Do]
    [迴圈]
Loop [Until 迴圈條件]
```

> 執行一次迴圈後，再判斷迴圈條件是否為 False，只有迴圈條件是 False 時，VBA 才會返回 Do 語句開始處，再次執行一次迴圈，否則執行 Loop 後的語句。

Do Until 語句與 Do While 語句的用法基本相同，不同的是 Do While 語句是當迴圈條件為 False 時退出迴圈，而 Do Until 語句是當迴圈條件為 True 時退出迴圈。

3-10-7 使用 GoTo 語句，讓程式轉到另一條語句去執行

通常，VBA 在執行一個程序時，總是按第 1 行、第 2 行、第 3 行……最後一行的順序依次執行程序包含的程式碼。

如果想打亂這種執行順序，就得在程式中使用一些特殊的語句，而 GoTo 語句正是打亂這種運算順序的語句之一，GoTo 譯成中文就是「去到……」。

如果想讓 VBA 執行完第 5 行的程式碼後，跳轉到第 3 行繼續執行，可以在第 5 行的末尾給它下一個類似「GoTo 第 3 行」的命令。

「第 3 行」是要讓程式跳轉到的目標位址，是人類的語言。在 VBA 中，要讓 GoTo 語句清楚地知道要轉向的目標語句，可以在目標語句之前加上一個帶冒號的文字字串或不帶冒號的數字標籤，然後在 GoTo 的後面寫上標籤名。讓我們來看一個求 100 以內自然數和的程式。

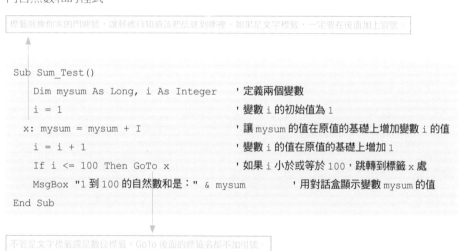

標籤就像你家的門牌號，讓郵遞員知道該把信送到哪裡。如果是文字標籤，一定要在後面加上冒號。

```
Sub Sum_Test()
    Dim mysum As Long, i As Integer      '定義兩個變數
    i = 1                                '變數 i 的初始值為 1
  x: mysum = mysum + I                   '讓 mysum 的值在原值的基礎上增加變數 i 的值
    i = i + 1                            '變數 i 的值在原值的基礎上增加 1
    If i <= 100 Then GoTo x              '如果 i 小於或等於 100，跳轉到標籤 x 處
    MsgBox "1 到 100 的自然數和是：" & mysum        '用對話盒顯示變數 mysum 的值
End Sub
```

不管是文字標籤還是數位標籤，GoTo 後面的標籤名都不加引號。

GoTo 語句通常用來處理常式錯誤（具體用法可以閱讀 7-4-1 小節中的內容），因為它會影響程式的結構，增加程式閱讀和偵錯的難度，所以，編寫程式時，應儘量避免使用 GoTo 語句。

3-10-8 With 語句，簡寫程式碼離不開它

當需要對相同的物件進行多次操作時，往往會編寫一些重複的程式碼。示範程式碼如下。

```
Sub FontSet()
    Worksheets("Sheet1").Range("A1").Font.Name = "新細明體"   '設置 A1 儲存格
                                                              的字體為新細明體
    Worksheets("Sheet1").Range("A1").Font.Size = 12          '設置 A1 儲存格
                                                              的字型大小為 12
    Worksheets("Sheet1").Range("A1").Font.Bold = True        '設置 A1 儲存格
                                                              的字體為加粗
    Worksheets("Sheet1").Range("A1").Font.ColorIndex = 3     '設置字體顏色為
                                                              紅色
End Sub
```

程式中 4 句程式碼的前半部分都是相同的。

這是一個設置儲存格字體的程式，因為是對同一個物件的多個屬性進行設置，所以 4 行代碼的前半部分都是相同的。如果你不想多次重複輸入相同的語句，可以用 With 語句簡化它，將程式寫為：

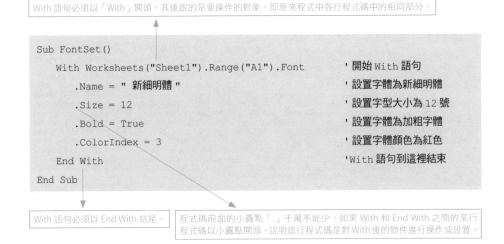

With 語句必須以「With」開頭，其後跟的是要操作的對象，即原來程式中各行程式碼中的相同部分。

```
Sub FontSet()
    With Worksheets("Sheet1").Range("A1").Font    '開始 With 語句
        .Name = "新細明體"                          '設置字體為新細明體
        .Size = 12                                 '設置字型大小為 12 號
        .Bold = True                               '設置字體為加粗字體
        .ColorIndex = 3                            '設置字體顏色為紅色
    End With                                        'With 語句到這裡結束
End Sub
```

With 語句必須以 End With 結尾。

程式碼前面的小圓點「.」千萬不能少，如果 With 和 End With 之間的某行程式碼以小圓點開頭，說明這行程式碼是對 With 後的物件進行操作或設置。

合理使用 With 語句，不僅可以減少輸入重複程式碼，還可以減少程式碼中的點「.」運算，從而提高程式的運行效率。因此當需要在程式中反復引用某個物件時，使用 With 語句簡化代碼是一種更常用的做法。

3-11 | Sub 程序，基本的程式單元

做什麼事都有一個程序。燒水、倒水、拿毛巾……倒水，這是洗臉的程序；買菜、洗菜、切菜、炒菜、盛菜，這是做菜的程序。打開活頁簿、輸入資料、保存活頁簿、退出 Excel 程式，這是資料輸入的程序。把這些操作寫成 VBA 程式碼，按先後順序保存起來就可以得到一個 VBA 程序。所以，VBA 中的程序就是完成某個任務的 VBA 程式碼的有序組合。

3-11-1 Sub 程序的基本結構

關於 Sub 程序，相信大家都不陌生了。使用巨集錄製器錄製的巨集就是 Sub 程序，事實上巨集錄製器也只能得到 Sub 程序。要認識和瞭解 Sub 程序，讓我們先動手錄製一個複製 A1:A8 儲存格區域到 C1:C8 儲存格區域的巨集，結合巨集來研究研究。

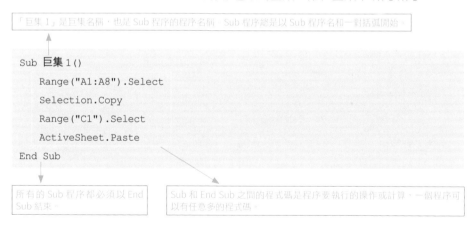

「巨集 1」是巨集名稱，也是 Sub 程序的程序名稱。　Sub 程序總是以 Sub 程序名和一對括弧開始。

```
Sub 巨集1()
    Range("A1:A8").Select
    Selection.Copy
    Range("C1").Select
    ActiveSheet.Paste
End Sub
```

所有的 Sub 程序都必須以 End Sub 結束。

Sub 和 End Sub 之間的程式碼是程序要執行的操作或計算，一個程序可以有任意多的程式碼。

一個 Sub 程序可以看成由三部分組成：

```
Sub 程序名稱 ()
    要執行的程式碼
End Sub
```

知道了 Sub 程序的結構，就可以依樣畫葫蘆，編寫符合自己需求的 Sub 程序了。

在本書中，我們只介紹 VBA 中的 Sub 程序和 Function 程序。

3-11-2 應該把 Sub 程序寫在哪裡

無論是 Sub 程序，還是後面要介紹的 Function 程序，通常我們都將其保存在模組物件中。所以要想編寫 Sub 程序，首先得插入一個模組來保存它，插入模組後，按兩下模組打開它的「程式碼」視窗，就可以在其中編寫程序了。

插入模組和編寫 Sub 程序的方法在 2-3-3 小節中已經接觸過了，大家還記得嗎？如果忘記了，可以翻回去看看。

Sub 程序應該保存在模組物件中，但並不只有模組才能保存 Sub 程序，Excel 物件或表單對象也能保存 Sub 程序，如圖 3-77 所示。

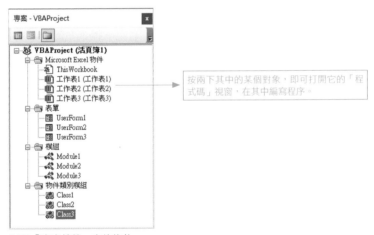

3-77「專案總管」中的物件

3-11-3 Sub 程序的基本結構

要在 VBA 中編寫一個 Sub 程序，應該將其寫為這樣的結構：

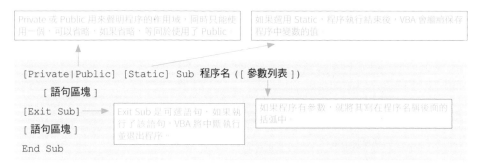

雖然一個 Sub 程序可以包含任意多的程式碼，執行任意多的操作和計算，但是，就像餐廳廚房為了更有效、更有品質地烹製料理，總是會先對工作人員進行分工：張三洗菜，負責完成洗的程序；李四切菜，負責切菜的程序；王五炒菜，負責炒菜的程序；最後把大家的程序合起來就完成了整個任務。分工後，哪個程序出現問題，如菜沒洗乾淨，就直接去找張三解決。

使用 VBA 程式設計也一樣，當需要處理的任務比較複雜時，可以用多個簡短的程序去完成，每個程序負責完成一個特定的、較為簡單的任務，最後透過執行這些程序來完成最終任務。

3-11-4 程序的作用域

程序的作用域決定程序可以在哪個範圍內使用。按作用域分類，程序可分為公共程序和私有程序。

1・公共程序就像社區的公共車位

公共廁所，公共汽車……戴著「公共」的帽子，意味著這個東西大家都可以使用。公共程序就像社區的公共車位，只要車位空著，誰的車都可以停在那裡。如果一個程序被聲明為公共程序，那工程中所有模組中的程序都可以使用它。要將程序聲明為公共程序，程序的第 1 句程式碼應寫為：

`Public Sub` **程序名稱** ([**參數列表**])

或者

```
Sub 程序名稱 ([ 參數列表 ])
```

示範程式碼如下：

> 省略或帶上 Public，聲明的程序都是公共程序。Public 就像「公共車位」的標誌，一個車位如果沒有標明「公共」或「私有」，我們會認為它是公用的。

```
Public Sub gggc()
    MsgBox "我是公共程序！"
End Sub
```

 TIPS 街道旁邊的停車位沒有標明所有權，我們都可以把車停在那裡。不標明是誰的車位，就預設是公共車位，VBA 中的程序也是一樣的道理。

2‧私有程序就像社區的私有車位

如果你在社區買了一個車位，會允許其他人天天都將車停在裡面嗎？社區的車位很多，哪個是公共車位，哪個是私有車位，為了便於管理和區分，通常會給它們標上特殊的標誌。

如果要將一個程序聲明為私有程序，程序的第一句程式碼應寫為：

```
Private Sub 程序名稱 ([ 參數列表 ])
```

> 如果要聲明私有程序，一定要加上 Private。Private 就像「私有車位元」的標誌，大家看到就知道它不能隨便使用。

```
Private Sub sygc ()
    MsgBox "我是私有程序！"
End Sub
```

3．將模組中的所有程序都定義為私有程序

如果想將一個模組中的所有程序都聲明為私有程序（包括已經聲明為公共程序的程序），只需在模組的第 1 個程序之前寫上「Option Private Module」，將模組定義為私有模組即可，如圖 3-78 所示。

3-78 將模組中所有程序聲明為私有程序

4．誰有資格調用私有程序

一個程序被聲明為私有程序，那只有程序所在模組中的程序才能調用它，並且在「巨集」對話盒中也看不到私有程序，如圖 3-79 所示。

3-79 私有程序不顯示在「巨集」對話盒中

3-11-5 在程序中執行另一個程序

下面是在活頁簿中插入 5 張新工作表的程序。

```
Sub ShtAdd()
    Dim i As Byte                           ' 定義一個 Byte 類型的變數，名稱為 i
    For i = 1 To 5 Step 1
    Worksheets.Add                          ' 在使用中的工作表前插入一張新工作表
    Next i
End Sub
```

如果想在另一個程序中執行這個程序，有多種方法可以選擇。

■方法一：直接使用程序名稱調用程序。
要在程序中調用另一個程序，可以直接將程序名稱及其參數寫成單獨的一行程式碼，
程序名稱與參數之間用英文逗號隔開。

程序名稱，參數 1，參數 2，…

如果程序沒有參數，只需寫程序的名稱。

```
Sub RunSub()
    ShtAdd
End Sub
```

因為程序沒有參數，所以直接寫程序名稱。

■方法二：使用 Call 關鍵字調用程序。

另一種調用程序的方法是：在程序名稱以及參數前使用 Call 關鍵字，參數寫在小括弧中，不同參數間用英文逗號隔開。

```
Call 程序名 (參數 1, 參數 2,…)
```

例如：

```
Sub RunSub()
    Call ShtAdd
End Sub
```

■方法三：使用 Application 物件的 Run 方法調用程序。

用這種方法調用程序的語句形式為：

```
Application.Run 表示程序名的字串（或字串變數）, 參數 1, 參數 2,……
```

例如：

```
Sub RunSub()
    Application.Run "ShtAdd"
End Sub
```

「ShtAdd」是表示程序名的字串，必須寫在英文雙引號間。

3-11-6 向程序傳遞參數

1．參數是程序與其他程序交流的「通道」

同工作表中函數的參數一樣，可以透過參數為 Sub 程序提供要使用的資料。參數是程序與其他程序交流的「通道」，根據需要，可以將變數、常數、陣列或物件設置為 Sub 程序的參數。

在前面接觸到的程序都不包含任何參數，只需要使用 Sub 關鍵字、程序名稱和一對空括弧進行聲明。如果需要透過參數提供程序運行中需要的資料，就需要在聲明程序時設置好對應的參數，示範程式碼如下。

```
Sub ShtAdd(shtcount As Integer)
    Worksheets.Add Count:=shtcount          ' 透過參數指定新建的工作表數量
End Sub
```

這是一個在使用中的工作表前插入新工作表的 Sub 程序，程序的參數是一個 Integer 類型的變數，名稱為 shtcount。擁有參數的程序，調用時也應為其設置參數，如：

```
Sub Test()
    Dim c As Integer
    c = 2
    Call ShtAdd(c)                          ' 執行程序 ShtAdd, 程序的參數為變數 c
End Sub
```

這是一個調用 ShtAdd 的程序，在調用 ShtAdd 程序時，將變數 c 設置為程序 ShtAdd 的參數，變數 c 的值是幾，ShtAdd 程序就插入幾張工作表。

在模組中編寫完這兩個程序後，執行程式 Test，就能看到程式執行的效果了，如圖 3-80 所示。

2 · 程序參數的兩種傳遞方式
在 VBA 中，程序的參數有兩種傳遞方式：按引用傳遞和按值傳遞。

預設情況下，程序是按引用的方式傳遞參數，圖 3-80 所示的程序就是按引用的方式傳遞參數。如果程式透過引用的方式傳遞參數，只會傳遞保存資料的記憶體位址，在程序中對參數的任何修改都會影響原始的資料，示範程式碼如下。

3-80 調用帶參數的 sub 程序

```
Sub ShtAdd(shtcount As Integer)
    Worksheets.Add Count:=shtcount        '透過參數指定新建的工作表數量
    shtcount = 8                          '重新修改參數的值
End Sub
```

```
Sub Test()
    Dim c As Integer
    c = 2
    Call ShtAdd(c)                        '執行程序 ShtAdd，程序的參數為變數 c
    MsgBox "現在程序參數的值為：" & c        '顯示變數 c 的值
End Sub
```

執行程序 Test 後，可以看到圖 3-81 所示的對話盒。

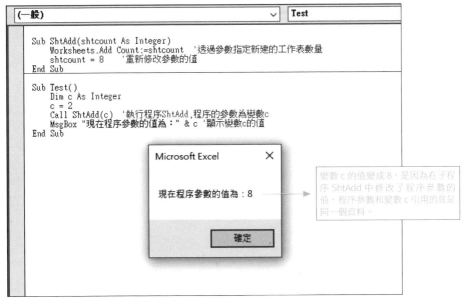

3-81 按引用的方式傳遞程序參數

如果不希望被調用的程序修改到用來傳遞參數的變數值，應設置程序按值的方式來傳遞參數，這樣，被調用的程序使用的是被傳遞變數的資料副本而不是本身。要想讓參數按值的方式傳遞，應在參數的前面加上 ByVal 關鍵字，示範程式碼如下。

> 如果一個參數前帶上 ByVal 關鍵字，那該參數將按值的方式傳遞，
> 子程序中對參數值的任意修改，都不會影響原變數中保存的值。

```
Sub ShtAdd(ByVal shtcount As Integer)
    Worksheets.Add Count:=shtcount        '透過參數指定新建的工作表數量
    shtcount = 8  '重新修改參數的值
End Sub
```

```
Sub Test()
    Dim c As Integer
    c = 2
    Call ShtAdd(c)                        '執行程序 ShtAdd, 程序的參數為變數 c
    MsgBox "現在程序參數的值為：" & c      '顯示變數 c 的值
End Sub
```

在模組中輸入這兩個程序後，執行程序 Test，看看顯示的對話盒有什麼不同，如圖 3-82 所示。雖然在子程序 ShtAdd 中修改了變數 shtcount 的值，但因為程序使用按值的方式傳遞，所以程序 Test 中的變數 c 沒有改變原值。

3-82 按值的方式傳遞程序參數

由於按引用的方式傳遞參數，可能會影響主程序中變數儲存的值，如果子程序中要用到的資料，不是主程序中需要的資料，應儘量設置參數按值的方式傳遞，這樣可以避免不必要的錯誤發生。

3-12 | 自訂函數，Function 程序

函數是什麼？有什麼用？大家應該都不陌生了。Function 程序也被稱為函數程序。編寫一個 Function 程序，就等於編寫了一個函數。

3-12-1 Function 程序就是用 VBA 自訂的函數

Excel 和 VBA 內置的函數雖然眾多，但仍然無法應對遇到的所有問題。在圖 3-83 所示的工作表中，如果想統計填充了黃色底色的儲存格有多少個，大家能找到合適的函數來解決這個問題嗎？

	A	B	C	D	E	F
1	黃	黃	黃			
2	綠					
3	黃	黃	黃			
4		綠				
5	黃		綠			
6	黃	黃				
7		綠				
8	黃		黃			
9			綠			
10	黃	黃	黃			
11						
12						
13						
14						

3-83 填充了不同顏色的儲存格

按顏色統計儲存格個數，Excel 的工作表和 VBA 中都沒有能解決這個問題的函數。既然沒有現成的函數能解決這個問題，那就需要我們手動編寫程式碼去解決它。

如果我們將完成這個任務所需的程式碼保存為 Function 程序，就得到一個自訂的函數。

3-12-2 試寫一個自訂函數

Function 程序同 Sub 程序一樣，都是保存在模組中。所以在編寫 Function 程序前，得插入一個模組來保存它（想瞭解插入模組的方法，可以閱讀 2-3-3 小節中的內容）。

插入模組後，雙擊模組啟動它的「程式碼」視窗，就可以開始編寫 Function 程序了。如果不知道 Function 過程應該編寫成什麼樣，可以借助功能表命令來插入一個不含任何代碼的空 Function 程序，如圖 3-84 所示。

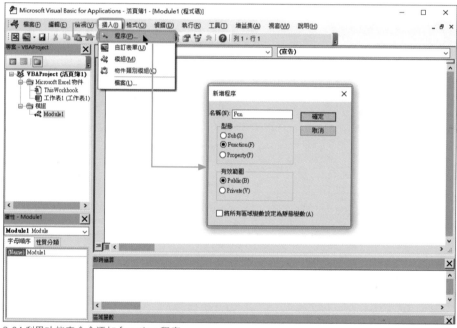

3-84 利用功能表命令添加 function 程序

完成以上操作後，VBE 就會自動在打開的「程式碼」視窗生成一個隻包含開始和結束語句的 Function 程序：

```
Public Function Fun()


End Function
```

想讓函數完成什麼計算，就將對應的程式碼寫在開始語句和結束語句之間。

將要執行計算的程式碼寫在開始語句和結束語句之間，示範程式碼如下。

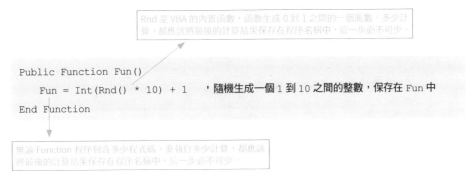

Rnd 是 VBA 的內置函數，函數生成 0 到 1 之間的一個亂數。多少計算，都應該將最後的計算結果保存在程序名稱中，這一步必不可少。

```
Public Function Fun()
    Fun = Int(Rnd() * 10) + 1    '隨機生成一個 1 到 10 之間的整數，保存在 Fun 中
End Function
```

無論 Function 程序包含多少程式碼，要執行多少計算，都應該將最後的計算結果保存在程序名稱中，這一步必不可少。

每個函數都有返回結果，自訂的函數也不例外。在 VBA 中，最後保存在 Function 程序名稱中的資料就是這個自訂函數返回的結果。

3-12-3 使用自訂函數完成設定的計算

自訂的函數，既可以在 Excel 的工作表中使用，也可以在 VBA 的程序中使用。下面我們就示範怎樣在工作表和 VBA 的程序中使用 3-12-2 小節中自訂的函數 Fun。

1．在工作表中使用自訂函數

在工作表中使用自訂函數，同使用工作表函數的方法相同，如圖 3-85 所示。

因為在定義 Fun 函數時沒有給它設置參數，所以在使用時不用給它設置參數，但應在函數名稱後面寫上一對空括弧。

=fun()

3-85 在工作表中使用自訂函數

如果自訂的函數（Function 程序）沒有被定義為私有程序，那我們可以透過〔公式〕
→「插入函數」對話盒找到並使用自訂的函數，如圖 3-86 所示。

在這裡選擇【使用者定義】類別。

如果自訂函數被聲明為私有程序，那函數將不顯示在該對話盒中。

3-86 查看自訂函數

跟 Excel 內建的工作表函數一樣，自訂的函數可以和其他函數嵌套使用，如圖 3-87 所示。

```
=CHAR(65+fun())
```

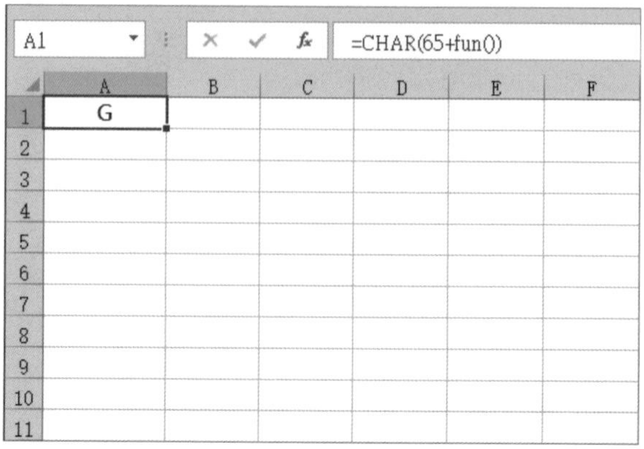

3-87 嵌套使用自訂函數

2．在 VBA 的程序中使用自訂函數

在 VBA 中使用自訂函數與使用 VBA 的內置函數一樣，示範程式碼如下。

```
Sub msg()
    MsgBox Fun() '用對話盒顯示自訂函數 Fun 的計算結果
End Sub
```

執行這個程序的效果如圖 3-88 所示。

3-88 在 VBA 中使用自訂函數

3-12-4 用自訂函數統計指定顏色的儲存格個數

學會怎樣編寫自訂函數後，下面我們就來看看，怎樣使用自訂函數解決本節開始的問題—統計指定顏色的儲存格個數。

1．VBA 怎麼知道儲存格是什麼顏色

RGB 色彩模式大家一定聽過吧？

RGB 色彩模式透過變化紅（R）、綠（G）、藍（B）3 種顏色，從而得到各種不同的顏色。所有使用光來顯示顏色的設備，如我們的電腦顯示器和家裡的電視機，都支持這種色彩模式。

VBA 中有一個叫 RGB 的函數，透過紅（B）、綠（G）、藍（B）的具體數值來控制這 3 種顏色所占的比例，從而得到不同的顏色。如黃色可以表示為：

```
RGB(255, 255, 0)
```

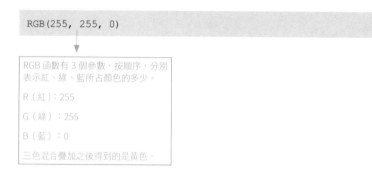

可以借助 RGB 函數告訴電腦，我們要設置的是什麼顏色。如果想將使用中的工作表中 A1 儲存格的底色設置為黃色，可以用程式碼：

```
Range("A1").Interior.Color = RGB(255, 255, 0)
```

反過來，如果想知道 A1 儲存格的底色是不是黃色，只需要判斷 Range("A1").Interior.Color 的屬性值是否等於 RGB(255, 255, 0) 即可，示範程式碼如下。

```
unction CountColor()
    If Range("A1").Interior.Color = RGB(255, 255, 0) Then        '判斷 A1 的底
                                                                  色是否黃色

    CountColor = 1                    '當 A1 的底色是黃色時，將數值 1 賦給程序名稱
    Else
    CountColor = 0                    '當 A1 的底色不是黃色時，將數值 0 賦給程序名稱
    End If
End Function
```

這樣，我們就得到一個判斷 A1 儲存格的底色是否黃色的自訂函數，當 A1 儲存格的底色是黃色時，函數返回數值 1，否則返回數值 0，如圖 3-89 所示。

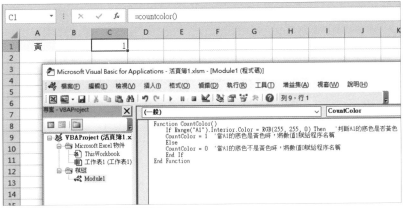

3-89 判斷 A1 儲存格的底色是否黃色

2 · 怎麼統計區域中黃色儲存格的個數

事實上，前面寫的程序，就是一個求 A1 這個區域中包含黃色儲存格個數的函數。函數返回的結果是 1，說明有 1 個黃色底色的儲存格，返回的結果是 0，說明沒有黃色底色的儲存格。

如果想求一個更大的區域，如 A1:A10 儲存格區域中的黃色儲存格的個數，可以參照同樣的方法，讓 VBA 對區域中的每個儲存格依次判斷一次就行了。重複多次相同的操作或計算，可以借助「For...Each」迴圈語句，將函數寫為：

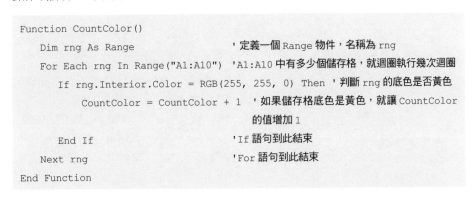

在工作表中使用這個函數，就可以看到函數返回的結果了，如圖 3-90 所示。

```
=countcolor()
```

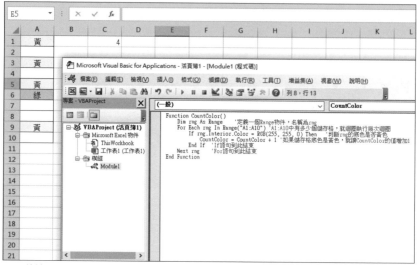

3-90 統計 A1:A10 儲存格區域中黃色儲存格的個數

3·用參數指定要統計的儲存格區域

圖 3-90 中的自訂函數 CountColor，統計的物件只能是 A1:A10 這個固定的儲存格區域，但我們想讓函數統計的可能不是一個固定的區域。透過函數參數指定要統計的儲存格區域，這樣的函數會更適用。如果想讓自訂的函數也能透過參數指定要統計的區域，可以用變數來代替程序中的 Range("A1:A10")，將程式碼寫為：

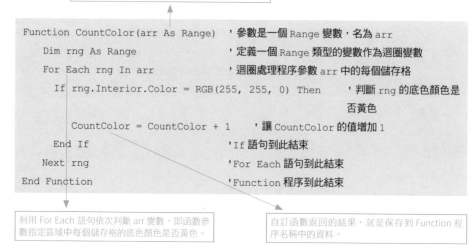

程式碼編輯好後，就可以在工作表中使用自訂的函數了，如圖 3-91 所示。

```
=countcolor(A1:B10)
```

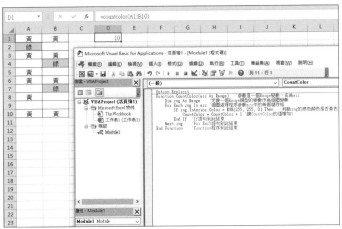

3-91 使用參數指定函數要統計的儲存格

4・透過參數指定要統計的顏色

如果想讓函數能統計區域中任意顏色，如藍色、綠色……儲存格的個數，還可以給自訂的函數設置第 2 參數，透過第 2 參數指定要統計的顏色，將程式碼寫為：

函數的兩個參數都是 Range 類型的變數，使用時只能將參數設置為儲存格區域。其中，第 1 參數是要統計的儲存格區域，第 2 參數是包含目標顏色的儲存格。計算時，函數將統計第 1 參數中與第 2 參數的儲存格底色顏色相同的儲存格個數。

```
Function CountColor(arr As Range, c As Range)    '定義程序名稱及參數
    Dim rng As Range              '定義一個 Range 類型的變數，名稱為 rng（迴圈變數）
    For Each rng In arr           '利用 For Each 語句迴圈處理程序參數 arr 中的每個儲存格
        If rng.Interior.Color = c.Interior.Color Then
            CountColor = CountColor + 1    '如果 rng 與 c 的底色色相同，讓
                                            CountColor 的值加 1
        End If                    'If 語句到此結束
    Next rng                      'For Each 語句到此結束
End Function                      'Function 程序到此結束
```

這裡不再使用 RGB 函數生成黃色，而是使用變數 c（第 2 參數）來確定要統計的顏色。

程式碼編輯好後，就可以使用這個自訂的函數了，如圖 3-92 所示。

```
=countcolor(A1:C10,E1)
```

3-92 統計 A1:C10 中與 E1 底色顏色相同的儲存格個數

如果需要，還可以為自訂函數添加第 3 參數、第 4 參數……方法大家應該都懂了吧？

5 · 設置揮發性函數，讓自訂函數也能重新計算

有時，當工作表重新計算之後，自訂函數並不會重新計算。如在工作表中使用 3-12-2 小節中定義的生成亂數的函數，按〔F9〕鍵後，函數就不會生成新的隨機值。如果想讓工作表重新計算後，自訂的函數也能隨之重新計算，就應該將自訂函式定義為揮發性函數。要把一個自訂函式定義為揮發性函數，只需在 Function 程序開始時添加一行程式碼即可。

```
Application.Volatile True
```

示範程式碼如下。

```
Public Function Fun()
    Application.Volatile True          ' 將函數設置為揮發性函數
    Fun = Int(Rnd() * 10) + 1          ' 隨機生成一個 1 到 10 之間的整數，保存在 Fun 中
End Function
```

如果將自訂函數設置為揮發性函數，無論工作表中哪個儲存格重新計算，揮發性函數都會重新計算。非揮發性函數只有函數的參數發生改變時才會重新計算。但是，有利也有弊。因為任意儲存格重算都會引起揮發性函數重新計算，所以大量使用揮發性函數也會增加表格的計算量，影響到表格的重算速度，因此，除非必須需要，否則不建議將自訂的函式定義為揮發性函數。

在本例中，因為更改儲存格的背景顏色不會導致任何儲存格重新計算，所以，無論是否將自訂函式定義為揮發性函數，更改儲存格的底色顏色後，本節中編寫的自訂函數 CountColor 都不會重新計算。

|3-12-5 聲明 Function 程序的語句結構

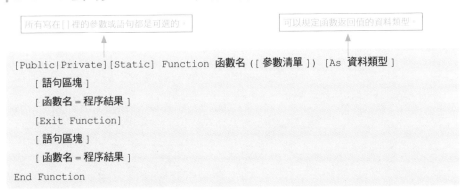

```
[Public|Private][Static] Function 函數名 ([ 參數清單 ]) [As 資料類型]
    [ 語句區塊 ]
    [ 函數名 = 程序結果 ]
    [Exit Function]
    [ 語句區塊 ]
    [ 函數名 = 程序結果 ]
End Function
```

定義 Function 程序的語句同定義 Sub 程序的語句類似。同 Sub 程序一樣，Function 程序也分為公共程序和私有程序，如果想要聲明一個私有程序，就一定要加上 Private 關鍵字。

3-13 | 排版和注釋，讓編寫的程式碼閱讀性更強

　　程式設計就像做事，得講究條理。先做什麼，後做什麼，安排好了，執行起來才不會走彎路。所以在設計 VBA 程式時，除了要遵循 VBA 的語法規則外，還需養成一些好習慣。

3-13-1 程式碼排版，必不可少的習慣

就像在 Word 中寫文章，同樣的內容，是否經過精心排版，對讀者的吸引力肯定不一樣。要想讓自己編寫的程式碼層次清晰，閱讀性更強，排版的程序也必不可少。那麼，排版程式碼應該做些什麼呢？

1・縮排，讓程式碼更有層次
使用任何語言程式設計，都一定會要求對某些程式碼進行縮排處理，因為縮排可以讓程式中的語句結構更明瞭，層次更清晰，如圖 3-93 所示。

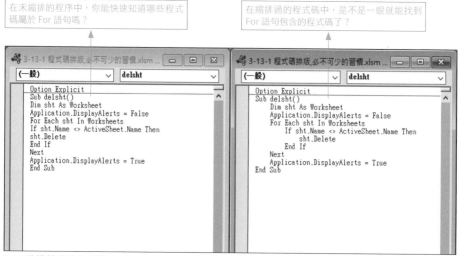

3-93 縮排前後的程式碼

2．哪些程式碼應該縮排

在 VBA 中，程序的語句要比程序名縮排一定的字元，在 If 語句、Select Case 語句、For...Next 等迴圈語句、With 語句等之後也要對程式碼縮排，縮排一般為一個〔Tab〕鍵的寬度（4 個空格），如圖 3-94 所示。

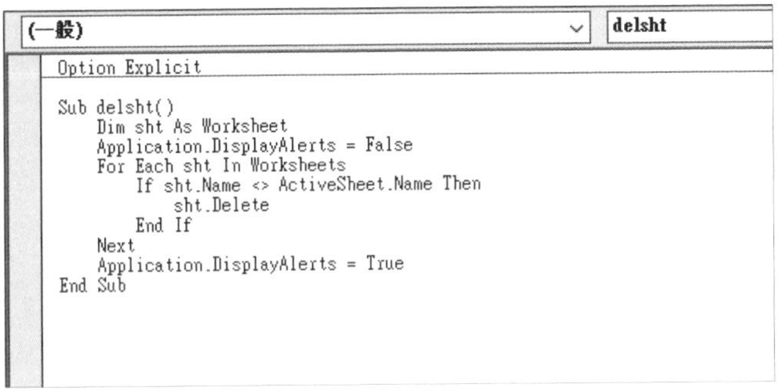

```
(一般)                                        ∨   delsht

  Option Explicit

Sub delsht()
    Dim sht As Worksheet
    Application.DisplayAlerts = False
    For Each sht In Worksheets
        If sht.Name <> ActiveSheet.Name Then
            sht.Delete
        End If
    Next
    Application.DisplayAlerts = True
End Sub
```

3-94 程式碼縮排的寬度

在縮排某行或某區塊程式碼時可以選中程式碼區塊（如果是一行，只需將游標定位到行首而不用選中它），按〔Tab〕鍵（或依次執行【編輯】→【縮排】命令）即可將程式碼統一縮排一個〔Tab〕鍵的寬度，如圖 3-95 所示。

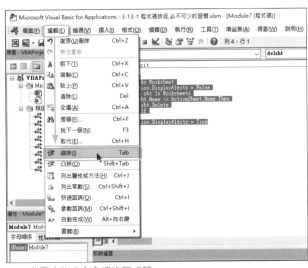

3-95 利用功能表命令縮排程式碼

> TIPS 如果選中已縮排的程式碼，按〔Shift〕+〔Tab〕組合鍵（或依次執行【編輯】→【凸排】命令），則可將選中的程式碼取消縮排一個〔Tab〕鍵的寬度。

一個〔Tab〕鍵的寬度預設為 4 個空格，可以在「選項」對話盒中修改，如圖 3-96 所示。

在 VBE 中，依次執行【工具】→【選項】命令，即可叫出該對話盒。

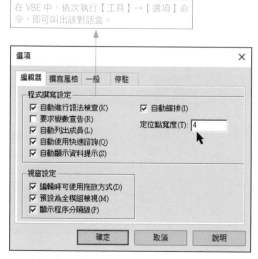

3-96 設置〔Tab〕鍵的寬度

3．將長行程式碼顯示為多行

在 VBA 中，一行程式碼就代表一個命令。為了保證命令的完整性，VBA 不允許將一行程式碼直接按〔Enter〕鍵將其改寫為多行。而有些很長的程式碼，如果直接寫成一行，並不便於閱讀或編輯。如果對一行程式碼的確有換行的需求，可以在程式碼中要換行的位置輸入一個空格和底線「 _ 」，然後按〔Enter〕鍵換行，即可把一行程式碼分成兩行。示範程式碼如下。

注意，底線的前面還有一個空格。如果一行 VBA 程式碼以空格和底線結尾，那 VBA 知道這一行程式碼還沒有結束，下一行程式碼也是這行程式碼的一部分。

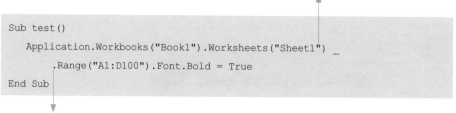

```
Sub test()
    Application.Workbooks("Book1").Worksheets("Sheet1") _
        .Range("A1:D100").Font.Bold = True
End Sub
```

為了將換行的程式碼在視覺上和其他完整的一行程式碼區分開，換行後的第 2 行程式碼應當適當縮排。

換行並不影響程式碼的完整性，這個程序與下面的程序是等效的：

```
Sub test()
    Application.Workbooks("Book1").Worksheets("Sheet1").Range("A1:D100").
Font.Bold = True
End Sub
```

有一點需要注意，雖然可以把一行程式碼分成兩行、三行甚至更多行，但盲目地分行卻不是好習慣，一般當一行程式碼長度超過 80 個字元時，我們才會考慮對其換行。

4‧把多行短程式碼合併顯示為一行
在第 1 行程式碼後面加上英文冒號，可以在後面接著寫第 2 行程式碼。透過這樣的方法可以把多行短程式碼合併成一行程式碼。

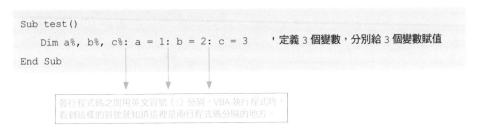

```
Sub test()
    Dim a%, b%, c%: a = 1: b = 2: c = 3        '定義 3 個變數，分別給 3 個變數賦值
End Sub
```

各行程式碼之間用英文冒號（:）分隔，VBA 執行程式時，看到這樣的冒號就知道這裡是兩行程式碼分隔的地方。

儘管可以把多行程式碼寫在同一行，但是這樣會增加程式碼的閱讀障礙，建議大家別這樣做。

3-13-2 為特殊語句添加註釋，讓程式碼的意圖清晰明瞭

註釋語句就像商品的說明書，用來介紹 VBA 程式碼的功能及意圖，編寫的程式碼有什麼用途，可以透過註釋語句作簡要說明。

1‧在 VBA 程序中添加註釋語句

註釋語句以英文單引號開頭，可以放在句子的末尾，也可以單獨寫在一行，如圖 3-97 所示。

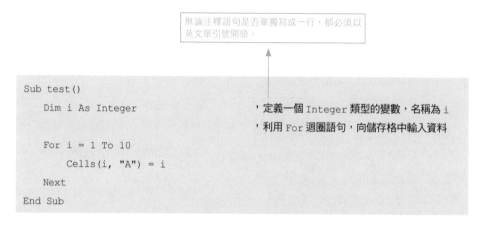

> 無論註釋語句是否單獨寫成一行，都必須以英文單引號開頭。

```
Sub test()
    Dim i As Integer          ' 定義一個 Integer 類型的變數，名稱為 i
                              ' 利用 For 迴圈語句，向儲存格中輸入資料

    For i = 1 To 10
        Cells(i, "A") = i
    Next
End Sub
```

在「程式碼」視窗中，所有的註釋語句都顯示為綠色，如圖 3-97 所示。VBA 在執行程序時，並不會執行這些綠色的註釋語句。

3-97 顯示為綠色的註釋語句

當注釋語句單獨成一行時，可以使用 Rem 關鍵字代替單引號。

> Rem 關鍵字告訴 VBA，這一行程式碼是注釋語句，不用執行它。

```
Sub test()
    Dim i As Integer                    ' 定義一個 Integer 類型的變數，名稱為 i
    Rem 利用 For 迴圈語句，向儲存格中輸入資料
    For i = 1 To 10
        Cells(i, "A") = i
    Next i
End Sub
```

千萬不要認為注釋語句沒用，相信我，多數人不出 3 個月就會忘記自己所寫程式碼的用途，所以，哪怕只是為自己，也應該為較為重要的程式碼添加注釋。

2‧注釋還有其他妙用

在偵錯工具時，如果懷疑某行程式碼存在錯誤不想執行它，可以在程式碼行前加個單引號（或 Rem 關鍵字）將其轉為注釋語句，而不用刪除它。當需要恢復這些程式碼時，只要將單引號（或 Rem 關鍵字）刪除即可，這是偵錯程式碼時常用的一個技巧。

在注釋程式碼的程序中，如果需要注釋一整區塊程式碼，可以借助「編輯」工具列中的〔使程式行變為註解〕命令來完成，如圖 3-98 所示。

如果 VBE 中沒有顯示「編輯」工具欄，可以依次執行【檢視】→【工具列】→【編輯】命令叫出該工具列即可。

3-98 使程式行變為註解

如果想取銷註解，將程式碼還原成普通程式碼，就選中已經註解的語句，按一下「編輯」工具列中的〔使註解還原為程式〕，如圖 3-99 所示。

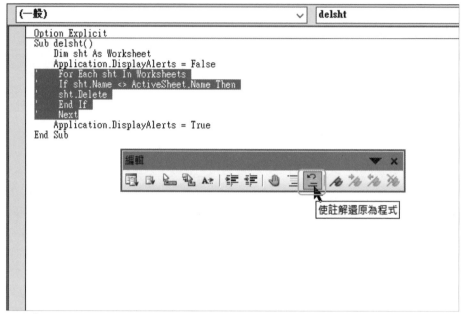

3-99「編輯」工具列中的〔使註解還原為程式〕按鈕

Chapter 4
操作物件，解決工作中的實際問題

在武俠的世界裡，學習一門劍法，需要學習這種劍法的心法和招式，更重要的還得準備一把劍。

只有按心法、招式控制手中的劍，才能使出招術奇妙、威力強大的劍招來。本章就來看看，怎樣操作各種不同的物件，來解決工作中遇到的問題。

4-1 | 與 Excel 交流，需要熟悉的常用物件

使用 VBA 程式設計就像練習劍法，語法就是心法和招式。掌握心法和招式後，就該學習怎樣控制手中的劍了。在 VBA 世界裡，「劍」就是 Excel 中的各種物件和資料。

┃4-1-1 VBA 程式設計就像在廚房裡做菜

冰箱裡沒有東西了，拿什麼做菜呢？巧婦難為無米之炊。再聰明伶俐的媳婦只守著空廚房，也燒不出任何飯菜。必須打開冰箱，取出瘦肉、蔥、蒜……然後洗、切、炒……最後大勺一揮，那盤色香味美的菜餚才能擺上飯桌。

用 VBA 程式設計就像做菜，盤子裡的菜就是按做菜的方法對材料進行加工寫出的程式。VBA 程式設計需要的材料就是 VBA 中的物件。想要編寫 VBA 程式，首先要懂得如何打開「冰箱」，找出合適的材料，然後加工它。

┃4-1-2 透過操作不同的物件來控制 Excel

作為一個 Excel 用戶，每天都在重複著開啟、關閉活頁簿，輸入、清除儲存格內容的操作，而這些其實都是在操作 Excel 的物件。實際上，VBA 程式就是用程式碼記錄下來的一個或一串操作，如想在「Sheet1」工作表的 A1 儲存格輸入數值「100」，完整的程式碼為：

```
Application.Worksheets("Sheet1").Range("A1").Value = 100
```

4-1-3 VBA 玩透透，應該記住哪些物件？

1 · 做菜時只需準備需要的材料

菜市場的菜花樣繁多，買菜時應該買什麼？紅燒魚很香，但家人從來不吃，買菜時要不要買？

認識物件也是如此，想用 VBA 程式設計，並不用記住所有的物件，記住那些經常用到的物件即可。對於那些不常用或根本不可能用到的物件，只要在需要用到時能找到它就夠了。

2 · 我們平時經常操作哪些物件

不需要的菜堅決不買，需要的菜也千萬不要遺漏。菜市場一去一來十五分鐘，的確不遠。但是菜洗好了，發現沒有買油，然後，再出門……十五分鐘後，繼續做菜，菜燒到一半，卻發現沒有買辣椒，於是再一次奔向菜市場……我的冰箱裡應該存些什麼常用的東西，才不用這樣頻繁地奔走於菜市場和超市呢？

冰箱中應該準備的，當然是生活常用品。想知道學習 VBA 需要記住哪些常用的物件，先想一想我們日常工作中經常會操作哪些對象。表 4-1 所示的物件對大多數人而言，應該都是經常在操作的吧。

表 4-1 Excel VBA 中常用的對象

物件	物件說明
Application	代表 Excel 應用程式（如果在 Word 中使用 VBA，就代表 Word 應用程式）
Workbook	代表 Excel 的活頁簿，一個 Workbook 物件代表一個活頁簿檔案
Worksheet	代表 Excel 的工作表，一個 Worksheet 物件代表活頁簿中的一張普通工作表
Range	代表 Excel 中的儲存格，可以是單個儲存格，也可以是儲存格區域

4-2 | 一切從最頂層的 Application 物件開始

Application 物件代表 Excel 程式本身，它就像一棵樹的根，Excel 中所有的物件都以它為起點。實際程式設計時，會經常用到它的許多屬性和方法。

▌4-2-1 設定是否更新螢幕上的內容

1・分步計算的問題需要分步回答

新來的老師站在講臺上，手指窗戶邊：「喂，那個坐最旁邊的同學……對，就是你，老師問你一個問題。」

「38 加 25 是多少？」「63」學生不假思索就回答了。

「再減 15」「是 48」

「再減 36」「是 12」

「老師，你能不能一次說完，我能一次算 10 個步驟。」

……

在課堂上，學生需要對老師提出的計算題分步解答，將每一步計算的結果告訴老師，直到得到最後的計算結果。但如果老師不需要中間每一步的計算結果，可以將所有要執行的計算全部交給學生，讓學生在心裡完成整個計算過程，完成後再將最後的計算結果告訴老師。

學生說：「我很喜歡這樣的問答方式。因為省略回答中間步驟的結果，省時又省力。」

2・在 Excel 中完成一個任務，往往需要執行多步操作

在使用 Excel 解決一個問題時，往往需要執行多步操作或計算。無論是通過手動還是 VBA 程式碼完成這些操作，預設情況下，Excel 都會將每步操作所得的結果顯示到螢幕上。範例程式碼如下。

```
Sub InputTest()
    Cells.ClearContents                      ' 清除工作表中所有資料
    Range("A1:A10").Value = 100              ' 在 A1:A10 儲存格中輸入數值
    MsgBox " 剛才在 A1:A10 輸入數值 100，你能看到結果嗎？"
    Range("B1:B10").Value = 200
    MsgBox " 剛才在 B1:B10 輸入數值 200，你能看到結果嗎？"
End Sub
```

這個程序包含了 5 列程式碼，一列程式碼執行一個操作，執行程序後，就可以看到每
列程式碼操作的結果，如圖 4-2 所示。就像學生回答老師的問題一樣，如果不提前說
明，Excel 就會將每一步操作和計算的結果都及時顯示到螢幕上。

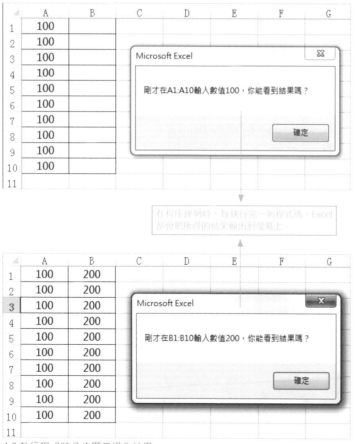

4-2 執行程式時分步顯示操作結果

如果不需要查看中間的計算或操作結果，可以讓 Excel 使用「心算」的方法執行程式碼，待全部操作和計算完成後，再將最後的結果顯示到螢幕上。

3 · 讓 Excel 不將計算結果顯示到螢幕上

Application 物件的 ScreenUpdating 屬性就是控制螢幕更新的開關。如果將 ScreenUpdating 屬性設定為 False，Excel 將會關閉螢幕更新，我們將看不到程式執行的結果。反之，如果將 ScreenUpdating 屬性設定為 True，Excel 將會開啟螢幕更新，我們將能看到程式每一步操作和計算的結果。

如果不想讓程式將中間的計算結果和操作過程顯示到螢幕上，可以在程式中將 ScreenUpdating 屬性設定為 False，關閉螢幕更新，範例程式碼如下。

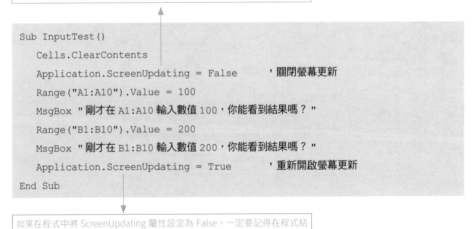

ScreenUpdating 屬性的預設值為 True，如果設定為 False，在重新開啟螢幕更新前，我們將在螢幕上看不到這列程式碼之後的操作或計算結果。

```vba
Sub InputTest()
    Cells.ClearContents
    Application.ScreenUpdating = False        '關閉螢幕更新
    Range("A1:A10").Value = 100
    MsgBox "剛才在 A1:A10 輸入數值 100，你能看到結果嗎？"
    Range("B1:B10").Value = 200
    MsgBox "剛才在 B1:B10 輸入數值 200，你能看到結果嗎？"
    Application.ScreenUpdating = True         '重新開啟螢幕更新
End Sub
```

如果在程式中將 ScreenUpdating 屬性設定為 False，一定要記得在程式結束前將其重新設定為 True。

讓我們來看看執行這個程式後的結果是什麼樣，如圖 4-3 所示。

VBA 程式碼在工作表中輸入了數值，但是在程式結束前，我們看不到這些輸入的資料，這是因為我們關閉了螢幕更新。

4-3 在程式中關閉了螢幕更新

只有當按一下最後一個對話方塊中的〔確定〕按鈕，待程式結束執行後，我們才能在工作表中看到輸入的資料，如圖 4-4 所示。

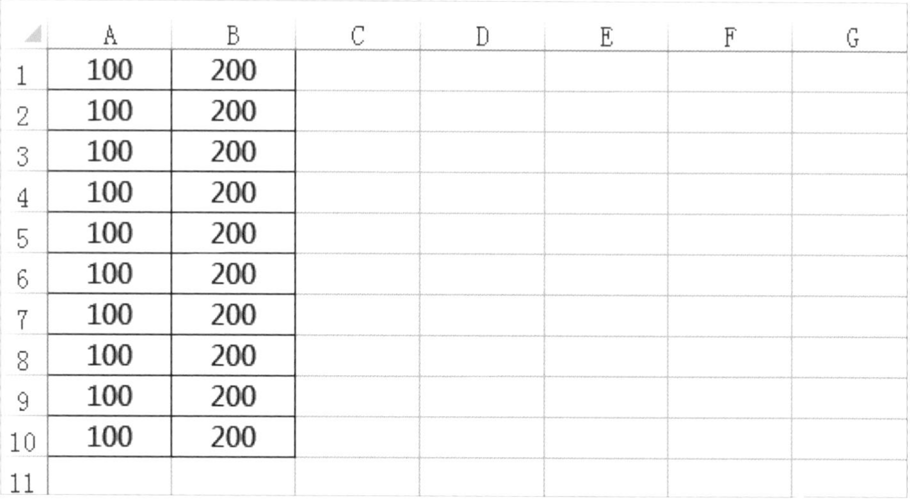

	A	B	C	D	E	F	G
1	100	200					
2	100	200					
3	100	200					
4	100	200					
5	100	200					
6	100	200					
7	100	200					
8	100	200					
9	100	200					
10	100	200					
11							

4-4 程式執行結束後顯示的結果

4-2-2 設定 DisplayAlerts 禁止顯示警告

1 · 刪除工作表就會顯示警告對話方塊

當我們在 Excel 中執行某些操作，如刪除工作表時，Excel 會顯示一個警告對話方塊，讓我們確定是否需要執行這個操作，如圖 4-5 所示。

4-5 刪除工作表時顯示的警告對話方塊

對於這類操作，無論是透過手動完成，還是透過 VBA 程式碼完成，Excel 都會顯示相應的警告對話方塊。

範例程式碼如下。

```vba
Sub DelSht()
    Dim sht As Worksheet
    For Each sht In Worksheets
        If sht.Name <> ActiveSheet.Name Then  '判斷 sht 引用的是否是使用中的工作表
            sht.Delete                          '刪除 sht 引用的工作表
        End If
    Next sht
End Sub
```

這是一個刪除活頁簿中除使用中的工作表之外其他工作表的程式，我們希望執行程式後，能將所有使用中的工作表之外的工作表全部刪除，如圖 4-6 所示。

4-6 刪除工作表的效果

但是，當我們執行這個程式後，卻沒有得到想要的結果，如圖 4-7 所示。程式沒有直接刪除工作表，而會在刪除每一張工作表前都顯示警告對話方塊，只有按一下〔刪除〕按鈕後才會執行刪除操作。

4-7 用 VBA 程式刪除工作表時顯示的警告對話方塊

2 · 讓 Excel 不顯示警告對話方塊

出於很多原因，我們都希望 Excel 在程式執行的過程中不顯示類似的警告對話方塊，這可以透過設定 Application 物件的 DisplayAlerts 屬性為 False 來實現。

```
Sub DelSht ()
    Application.DisplayAlerts = False        '設定不顯示警告對話方塊
    Dim sht As Worksheet
    For Each sht In Worksheets
        If sht.Name <> ActiveSheet.Name Then '判斷 sht 引用的是否是使用中的工作表
            sht.Delete                       '刪除 sht 引用的工作表
        End If
    Next sht
    Application.DisplayAlerts = True         '重新設定顯示警告對話方塊
End Sub
```

修改完成後，再次運列程式，Excel 就不會顯示警告對話方塊，直接刪除工作表了。

 TIPS Application 物件的 DisplayAlerts 屬性預設值為 True。如果不想在程式運列時被提示和警告消息打擾，可以在程式開始時將屬性值設為 False。但是如果在程式中設定了該屬性的值為 False，在程式結束前應將其重新設定為 True。

4-2-3 WorksheetFunction 使用工作表函數

1・如果沒有函數，解決問題可能需要編寫許多程式碼

VBA 中有許多內置函數，合理使用函數，能有效地解決工作中的許多難題，減少編寫程式碼的工作量。

可以毫不誇張地說，函數是我們解決複雜問題不可缺少的一大助手。但遺憾的是，在實際使用時，並不是所有的計算問題，都能在 VBA 中找到對應的函數來解決。如想統計 A1:B50 儲存格區域中大於 1000 的數值有多少個，就沒有現成的函數，需要編寫 Function 或 Sub 過程來解決，範例程式碼如下。

```
Sub CountTest()
    Dim mycount As Integer, rng As Range
    For Each rng In Range("A1:B50")
        If rng.Value > 1000 Then mycount = mycount + 1
    Next
    MsgBox "A1:B50 中大於 1000 的資料個數為：" & mycount
End Sub
```

執行這個程式後的效果如圖 4-8 所示。

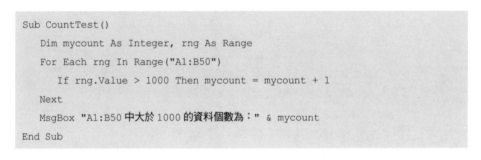

4-8 編寫程式碼統計儲存格區域中大於 1000 的資料個數

2. 為什麼不使用 COUNTIF 函數

不使用 COUNTIF 函數解決，是因為 COUNTIF 不是 VBA 函數，VBA 中也沒有類似 COUNTIF 的函數。除了 COUNTIF 函數，其他很多常用的工作表函數，如 SUMIF、TRANSPOSE、VLOOKUP、MATCH 等函數 VBA 中也沒有。

其實不必為此感到遺憾，因為在 VBA 中，使用 Appplication 物件的 orksheetFunction 屬性就可以使用這些函數。

前面的問題，如果要使用工作表中的 COUNTIF 函數來解決，可以將程式碼寫為：

```
Sub CountTest()
    Dim mycount As Integer
     mycount = Application.WorksheetFunction.CountIf(Range("A1:B50"),
">1000")
    MsgBox "A1:B50 中大於 1000 的資料個數為：" & mycount
End Sub
```

> 使用工作表函數時，工作表函數名稱前應加上這一串程式碼

TIPS 如果 VBA 中已經有了相同功能的函數，就不能再透過 WorksheetFunction 屬性引用工作表中的函數，否則會出錯。例如，要計算「ABCDE」包含的字元數，應將程式碼寫為 Len("ABCDE")，而不能寫為 Application.WorksheetFunction.Len("ABCDE")。並且，並不是所有的工作表函數都能透過 WorksheetFunction 屬性來使用。

4-2-4 設定屬性，更改 Excel 的工作介面

Excel 就像一位漂亮的洋娃娃，我們可以隨心所欲地打扮她。梳個漂亮的髮型，畫一畫她的眉毛，整理衣服……臉上有鼻子、眼睛、嘴巴等，Excel 的臉上也有「五官」，如標題欄、捲軸、狀態欄、格線等。如果不想看到某個部份，可以把它隱藏起來，如果你覺得她的「單眼皮」不好看，可以動手改造一下，這些都可以透過設定 Application 物件的各種屬性實現。

TIPS 想知道隱藏格線應該設定什麼屬性，可以使用巨集錄製器錄下隱藏格線的操作，從錄下的巨集程式碼中查找答案。

4-2-5 Application 物件的子物件

Application 是 Excel 中所有物件的起點，我們把活頁簿、工作表、儲存格、圖片等物件稱為 Application 對象的子物件。可以透過引用 Application 物件的不同屬性，逐層引用物件，如要引用 Book1 活頁簿 Sheet1 工作表中的 A1 儲存格，應使用程式碼：

```
Application.Workbooks("Book1").Worksheets("Sheet1").Range ("A1")
```

通常在 VBA 中引用一個物件，都應該按這種方式，從最頂層的物件開始，寫清楚該物件所在的位置。但對一些特殊的物件，在引用時也不必按這種嚴謹的方式去引用。如想在當前選中的儲存格中輸入資料「300」，因為「選中的儲存格」是一個特殊的物件，所以程式碼可以寫為：

```
Application.Selection.Value = 300
```

物件名稱 Application 還可以省略不寫，直接將程式碼寫為：

```
Selection.Value = 300
```

除了 Selection 屬性，還可以透過 Application 物件的其他屬性引用到某些特殊物件，如表 4-2 所示。

表 4-2 Application 物件的常用屬性

屬性	傳回的物件
ActiveCell	當前作用儲存格
ActiveChart	當前使用中的活頁簿中的活動圖表
ActiveSheet	當前使用中的活頁簿中的使用中的工作表
ActiveWindow	當前使用中視窗
ActiveWorkbook	當前使用中的活頁簿
Charts	當前使用中的活頁簿中所有的圖表工作表
Selection	當前使用中的活頁簿中所有選中的物件
Sheets	當前使用中的活頁簿中所有 Sheet 物件，包括普通工作表、圖表工作表、MicrosoftExcel 4.0 巨集表工作表和 Microsoft Excel 5.0 對話方塊工作表
Worksheets	當前使用中的活頁簿中的所有 Worksheet 物件（普通工作表）
Workbooks	當前所有打開的活頁簿

4-3 管理活頁簿，瞭解 Workbook 物件

由於 VBA 程式與 Excel 檔案息息相關，而活頁簿又是 Excel 中的骨幹架構，因此要學會 VBA 的同時，也要學習如何管理活頁簿物件，接下來我們要用指令來建立、開啟、保存、關閉活頁簿。

4-3-1 Workbook 是集合中的一個成員

1 · Workbooks 就是所有活頁簿物件組成的集合

想知道 Workbook 和 Workbooks 之間有什麼關係，讓我們先想想英語中單數和複數名詞之間的關係。

在英語中，可數名詞後加上 s 後就變成複數，表示多個。就像英語中的可數名詞，在 VBA 中，Workbook 代表一個活頁簿，加上 s 後的 Workbooks 表示當前打開的所有活頁簿，即活頁簿集合。

 想瞭解物件和集合之間的關係，還可以閱讀 3-7 節中的相關內容。

TIPS

2 · 怎麼引用集合中的某個活頁簿

引用活頁簿，就是指明活頁簿在活頁簿集合中的位置或名稱。這讓我想到上學時體育老師上課的情境。

同學，你來示範一下站立式起跑的姿勢。

老師嘴裡的「同學」是一個籠統的稱呼，是所有同學的集合。應該由哪個同學來做示範？同學們都不清楚，因為老師沒有使用正確的引用方式，沒有指明要做示範的同學的身份。同樣，引用集合中的某張活頁簿時，如果不指明活頁簿的身份，VBA 就弄不清楚應該引用哪張活頁簿。

要在 VBA 中引用活頁簿，常用的方法有以下兩種。

■方法一：使用索引號碼引用活頁簿。
索引號碼指明一個活頁簿在活頁簿集合中的位置。Excel 按打開活頁簿檔案的先後順序為它們編索引號碼，如圖 4-9 所示。

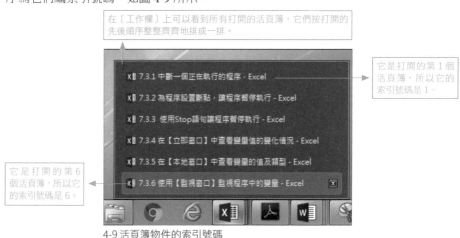

4-9 活頁簿物件的索引號碼

操場上，同學們整整齊齊地排成一隊，小傑排在第 3 位。老師命令：「第 3 個同學，出列！」大家都知道，老師叫的是小傑。

如果要引用 Workbooks 集合中的第 3 個 Workbook，可以將程式碼寫為：

```
Workbooks.Item(3)
```

使用時，可以省略屬性名稱 Item，將程式碼寫為：

```
Workbooks(3)
```

■方法二：利用活頁簿名引用活頁簿。

如果操場上排隊的同學人數發生變化，每個同學的索引號碼都可能會隨之改變。

第 1 次排隊，小傑排在佇列裡的第 3 位，第 2 次排隊，可能排在第 2 位或第 4 位。如果老師始終這樣下命令：「3 號出列！」還能把小傑叫出來嗎？

同樣，在 Excel 中，如果改變了打開的活頁簿，其中各個物件的索引號碼也可能會發生改變。所以原來打開 5 個活頁簿，想引用最後一個活頁簿，應該用程式碼：

```
Workbooks(5)
```

如果將其中的第 3 個活頁簿關閉，想引用最後一個活頁簿，使用的程式碼應該改為：

> 關閉一個活頁簿後，打開的活頁簿還有 4 個，最後一個活頁簿的索引號碼就隨之變成了 4

```
Workbooks(4)
```

這時我們可以換一種方式去引用 ─ 使用活頁簿的名稱引用活頁簿。就像上體育課時，無論佇列中的人數如何變化，如果總想讓小傑同學出列，老師可以選擇使用該同學的名字：「小傑，該你做示範了。」在 VBA 中，如果想引用名稱為「Book1」的活頁簿，可以使用程式碼：

> 括弧中的參數是表示活頁簿名稱的字串或字串變數，用來告訴 VBA，現在引用的是集合裡叫什麼名字的活頁簿。

```
Workbooks("Book1")
```

如果系統設定了顯示已知類型檔案的副檔名，當引用一個已經保存的活頁簿檔案時，檔案名稱還應加上副檔名，例如：

```
Workbooks("Book1.xlsm")
```

TIPS 在 2013 以後的 Excel 版本中，啟用巨集的 Excel 檔案副檔名為「.xlsm」。

4-3-2 透過程式碼獲得指定活頁簿的資訊

可以在 VBA 程式中，透過程式碼獲得指定活頁簿的名稱、保存的路徑等檔案資訊，範例代碼如下。

```
Sub WbMsg()
    Range("B2") = ThisWorkbook.Name        ' 獲得活頁簿的名稱
    Range("B3") = ThisWorkbook.Path        ' 獲得活頁簿檔案所在的路徑
    Range("B4") = ThisWorkbook.FullName    ' 獲得帶路徑的活頁簿名稱
End Sub
```

ThisWorkbook 是程式碼所在的活頁簿物件。

執行這個程式後的效果如圖 4-10 所示。

	A	B
1	項目	信息內容
2	文件名稱	訪問對象的屬性，獲得工作簿文件的訊息.xlsm
3	文件路徑	D:\我的文件
4	帶路徑的文件名稱	D:\我的文件\訪問對象的屬性，獲得工作簿文件的訊息.xlsm
5		
6		
7		
8		
9		
10		
11		
12		
13		

4-10 獲取活頁簿物件的資訊

| 4-3-3 用 Add 方法建立活頁簿

要建立一個活頁簿檔案，可以使用 Workbooks 物件的 Add 方法。

1 · 建立空白活頁簿

如果直接使用 Workbooks 物件的 Add 方法，而不設定任何參數，Excel 將建立一個只含普通工作表（Wroksheet 物件）的新活頁簿，該活頁簿包含的工作表張數是 Excel 預設的（預設情況下，新建的活頁簿包含 3 張工作表，可以透過設定活頁簿的 SheetsInNewWorkbook 屬性來更改這一數量），範例程式碼如下。

```
Workbooks.Add
```

2 · 指定用來新建活頁簿的範本

如果想將某個活頁簿檔案作為新建活頁簿的範本，可以使用 Add 方法的 Template 參數指定該檔案的名稱及其所在目錄，範例程式碼如下。

```
Workbooks.Add Template:= "D:\ 我的文件 \ 範本 .xlsm"
```

可以省略參數名稱 Template，將程式碼寫為：

```
Workbooks.Add "D:\ 我的文件 \ 範本 .xlsm"
```

> 參數是表示一個現有的 Excel 檔案名的字串，如果設定了該參數，新建的活頁簿將以字串指定的活頁簿檔案作為範本。

3 · 指定新建的活頁簿包含的工作表類型

Excel 中一共有 4 種類型的工作表，可以在新建工作表時的【插入】對話方塊中看到，如圖 4-11 所示。

4-11【插入】對話方塊中的工作表類型

這 4 種工作表類型分別是：普通工作表、圖表工作表、Microsoft Excel 4.0 巨集表工作表和 Microsoft Excel 5.0 對話方塊工作表。在這 4 種類型的工作表中，我們使用最多的是第 1 種，就是平時用來保存資料的普通工作表—Worksheet 物件。

如果不替 Add 方法設定參數，那使用該方法新建的活頁簿中只包含第 1 種工作表，如果想讓新建的活頁簿包含其他類型的工作表，應使用參數指定，範例程式碼如下。

```
Workbooks.Add Template:=xlWBATChart        ' 讓新建的活頁簿包含圖表工作表
```

不同類型的工作表對應的參數值如表 4-3 所示。

表 4-3 用 Add 方法的參數指定新建的活頁簿包含的工作表類型

參數值	活頁簿包含的工作表類型
xlWBATWorksheet	普通工作表
xlWBATChart	圖表工作表
xlWBATExcel4MacroSheet Microsoft Excel 4.0	巨集表工作表
xlWBATExcel4IntlMacroSheet Microsoft Excel 5.0	對話方塊工作表

4-3-4 用 Open 方法打開活頁簿

打開一個 Excel 的活頁簿檔案，最簡單的方法就是使用 Workbooks 物件的 Open 方法，範例程式碼如下。

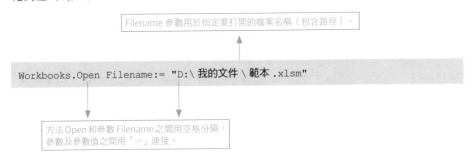

Filename 參數用於指定要打開的檔案名稱（包含路徑）。

```
Workbooks.Open Filename:= "D:\ 我的文件 \ 範本 .xlsm"
```

方法 Open 和參數 Filename 之間用空格分隔，參數及參數值之間用「:=」連接。

在實際使用時，程式碼中的參數名稱「Filename」可以省略不寫，將程式碼寫為：

```
Workbooks.Open "D:\ 我的文件 \ 範本 .xlsm"
```

更改程式碼中的路徑及檔案名稱，即可打開其他的活頁簿檔案。

除了 Filename 參數，Open 方法還有 14 個參數，用來決定以何種方式打開指定的檔案，但平時很少用到這些參數。

4-3-5 用 Activate 方法啟動活頁簿

雖然可以同時打開多個活頁簿檔案，但同一時間只能有一個活頁簿是活動的。如果想讓不活動的活頁簿變為使用中的活頁簿，可以用 Workbooks 物件的 Activate 方法啟動它，例如：

```
Workbooks("活頁簿 1").Activate
```

這裡是使用活頁簿的名稱來引用活頁簿，也可以使用其他方法來引用它。

4-3-6 保存活頁簿檔案

1．用 Save 方法保存已經存在的檔案

保存活頁簿可以使用 Workbook 物件的 Save 方法，例如：

```
ThisWorkbook.Save                    '保存程式碼所在的活頁簿
```

2．用 SaveAs 方法將活頁簿另存為新檔案

如果是第 1 次保存一個新建的活頁簿，或需要將活頁簿另存為一個新檔案時，應該使用 SaveAs 方法，例如：

```
ThisWorkbook.SaveAs Filename:= "D:\test.Xlsm"    '將程式碼所在活頁簿保存到 D 槽
```

> Filename 參數用於指定檔案保存的路徑及檔案名稱，如果省略路徑，預設將文件保存在目前的資料夾中。

3．另存新文件後不關閉原文件

同手動執行【另存新檔】命令一樣，使用 SaveAs 方法將活頁簿另存為新檔案後，Excel 將關閉原文件並自動打開另存為得到的新檔，如果希望繼續保留原檔案不打開新檔案，應該使用 SaveCopyAs 方法。例如：

```
ThisWorkbook.SaveCopyAs Filename:= "D:\test.Xls"
```

4-3-7 用 Close 方法關閉活頁簿

使用活頁簿物件的 Close 方法，可以關閉打開的活頁簿。例如：

```
Workbooks.Close                          '關閉目前打開的所有活頁簿
```

> Workbooks 代表所有打開的活頁簿。

可以透過索引號碼、名稱等指定要打開的活頁簿，例如：

```
Workbooks("Book1").Close            '關閉名稱為 Book1 的活頁簿
```

用 Close 方法關閉活頁簿，與手動按一下 Excel 介面中的〔關閉〕按鈕來關閉活頁簿
一樣，如果活頁簿被更改過而且沒有保存，在關閉活頁簿前，Excel 會透過對話方塊
詢問是否保存更改，如圖 4-12 所示。

4-12 是否保存活頁簿的提示訊息

如果不想讓 Excel 顯示該對話方塊，可以透過設定 Close 方法的參數，確定在關閉活
頁簿前是否保存更改，例如：

```
Workbooks("Book1").Close savechanges:=True        '關閉並保存對活頁簿的修改
```

將參數 savechanges 的值設為 True，VBA 會在關閉活頁簿前
先保存活頁簿，如果不想保存，就將參數的設為 False。

可以省略程式碼中的參數名稱 savechanges，將程式碼寫為：

```
Workbooks("Book1").Close True
```

4-3-8 ThisWorkbook 與 ActiveWorkbook

ThisWorkbook 和 ActiveWorkbook 都是 Application 物件的屬性，都傳回 Workbook 物件。但是它們之間並不是等同的，ThisWorkbook 是對程式碼所在活頁簿的引用，ActiveWorkbook 是對使用中的活頁簿的引用。

讓我們透過一個小程式來瞭解它們之間的區別。打開一個活頁簿，在活頁簿中輸入下面的程式：

```
Sub wb()
    Workbooks.Add                    '新建一個活頁簿，新建的活頁簿會成為使用中的活頁簿
    MsgBox "程式碼所在的活頁簿為：" & ThisWorkbook.Name      '顯示程式碼所在活頁簿
的名稱
    MsgBox "當前使用中的活頁簿為：" & ActiveWorkbook.Name   '顯示使用中的活頁簿的
名稱
    ActiveWorkbook.Close savechanges:=False       '關閉新建的活頁簿，不保存修改
End Sub
```

執行這個程式，Excel 會先後顯示圖 4-13、圖 4-14 所示的兩個對話方塊，透過對話方塊中的信息，相信大家都能明白 ThisWorkbook 與 ActiveWorkbook 物件之間的區別了。

4-13 thisWorkbook 引用的活頁簿的名稱

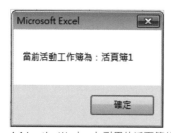

4-14 activeWorbook 引用的活頁簿的名稱

4-4 操作工作表，認識 Worksheet 物件

一個 Worksheet 物件代表一張普通的工作表，Worksheets 是多個 Worksheet 物件的集合，包含指定活頁簿中所有的 Worksheet 物件。

4-4-1 引用工作表的 3 種方法

就像活頁簿一樣，可以透過工作表的索引號碼或工作表的標籤名稱來引用工作表，如圖 4-15 所示。

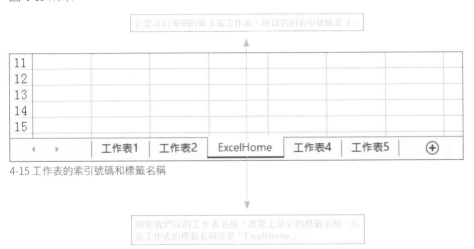

它是活頁簿中的第 3 張工作表，所以它的索引號碼是 3。

4-15 工作表的索引號碼和標籤名稱

通常我們說的工作表名稱，實際上是它的標籤名稱，這張工作表的標籤名稱就是「ExcelHome」。

要引用工作表，只要將它的索引號碼或標籤名稱告訴 VBA，讓 VBA 將它同集合中的其他成員區分開就列了。如果要引用圖 4-15 中標籤名稱為「ExcelHome」的工作表，可以選用下面 3 條語句中的任意一條：

```
Worksheets.Item(3)                        '引用活頁簿中的第 3 張工作表
```

```
Worksheets(3)                             '引用活頁簿中的第 3 張工作表
```

```
Worksheets("ExcelHome")           '引用活頁簿中標籤名稱為「ExcelHome」的工作表
```

除此之外，還可以使用工作表的程式碼名稱引用工作表。工作表的程式碼名稱，可以在 VBE 的〔工程資源管理器〕或〔屬性視窗〕中看到，如圖 4-16 所示。

工作表的程式碼名稱，不會隨工作表標籤名稱或索引號碼的改變而改變，工作表的程式碼名稱也只能在〔屬性視窗〕中修改。因此，當工作表的索引號碼或標籤名稱可能會被更改時，使用程式碼名稱引用工作表是更合適的選擇。

4-16 工作表的程式碼名稱和標籤名稱

與使用索引號碼或標籤名稱引用工作表不同，使用程式碼名稱引用工作表，只需直接寫程式碼名稱而不需先寫集合名稱 Worksheets，例如：

```
Sheet3.Range("A1")=100          ' 在程式碼名稱為 Sheet3 的工作表的 A1 儲存格輸入 100
```

Sheet3 是程式碼名稱，VBA 執行這列程式碼時，知道要引用的是哪張工作表。

如果想獲得某張工作表的程式碼名稱，可以訪問工作表的 CodeName 屬性，例如：

```
MsgBox ActiveSheet.CodeName          '用對話方塊顯示使用中的工作表的程式碼名稱
```

4-4-2 用 Add 方法新建工作表

1 · 在使用中的工作表前插入一張工作表

如果想在使用中的工作表前插入一張新工作表，可以使用 Worksheets 物件的 Add 方法，例如：

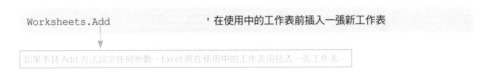

```
Worksheets.Add          '在使用中的工作表前插入一張新工作表
```

如果不替 Add 方法設定任何參數，Excel 將在使用中的工作表前插入一張工作表

2 · 用 before 或 after 參數指定插入工作表的位置

如果想將新插入的工作表放在活頁簿中的指定位置，應透過 before 或 after 參數指定，例如：

```
Worksheets.Add before:= Worksheets(1)    '在第一張工作表前插入一張新工作表
```

before 或 after 參數用來指定插入工作表的位置，同時只能選用一個。

```
Worksheets.Add after:= Worksheets(1)    '在第一張工作表後插入一張新工作表
```

3 · 用 Count 參數指定要插入的工作表數量

如果要同時插入多張工作表，可以通過 Add 方法的 Count 參數指定，例如：

```
Worksheets.Add Count:=3                          ' 在使用中的工作表前插入 3 張工作表
```

Count 參數告訴 VBA 應該插入幾張工作表，如果省略該
參數，Excel 預設插入 1 張工作表。

4 · Add 方法還有哪些參數

想知道 Add 方法還有哪些參數，可以在「程式碼視窗」中，輸入方法名稱後按〔Space〕
鍵（空白鍵），VBE 會自動顯示該方法的所有參數。編寫程式碼時，我們也可以根
據這個提示對各參數進行設定，如圖 4-17 所示。

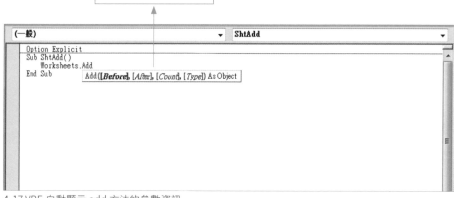

這些就是 Add 方法的參數。

4-17 VBE 自動顯示 add 方法的參數資訊

> **TIPS** 也可以用這招查看其他方法的參數。當然如果想瞭解各參數的具體資訊，VBA 說明中的資
> 訊會更加詳細。

4-4-3 更改更容易記住的工作表標籤名稱

在活頁簿中新插入的工作表，總是按工作表 1、工作表 2、工作表 3……的方式命名。
這樣的工作表名稱，不能直觀地顯示工作表的用途及其中保存的資料。

這樣的工作表名稱大同小異，哪張表保存的是這個月的薪資資料？

如果想替工作表設定一個說明性更強的標籤名稱，可以透過 Name 屬性來設定，例如：

```
Worksheets(2).Name = "薪資表"              '將第 2 張工作表的標籤名稱更改為「薪資表」
```

如果是新建的工作表，可以在新建工作表後，用新的一列程式碼設定其標籤名稱，例
如：

```
Sub ShtAdd()
    Worksheets.Add before:=Worksheets(1)    '在第 1 張工作表前新建 1 張工作表
    ActiveSheet.Name = "薪資表"              '將新建的工作表更名為「薪資表」
End Sub
```

新插入的工作表總是會成為使用中的工作表，所以用
ActiveSheet 就一定能引用到新插入的工作表。

如果只插入一張工作表，還可以在新建工作表的同時指定它的標籤名稱，例如：

```
Sub ShtAdd()
    '在第 1 張工作表前插入 1 張名稱為「薪資表」的工作表
    Worksheets.Add(before:=Worksheets(1)).Name = "薪資表"
End Sub
```

4-4-4 用 Delete 方法刪除工作表

使用 Worksheet 物件的 Delete 方法可以刪除指定的工作表，例如：

```
Worksheets("Sheet1").Delete          '刪除標籤名稱為「Sheet1」的工作表
```

4-4-5 啟動工作表的兩種方法

啟動工作表就是讓處於不活動狀態的工作表變為使用中的工作表。在 VBA 中，可以使用 Worksheet 物件的 Activate 方法或 Select 方法啟動指定的工作表，例如：

```
Worksheets(1).Activate          '啟動使用中的活頁簿中的第 1 張工作表
```

```
Worksheets(1).select            '啟動使用中的活頁簿中的第 1 張工作表
```

在大多數情況下，執行這兩列程式碼得到的結果是相同的，都可以讓使用中的活頁簿中的第 1 張工作表成為使用中的工作表。

4-4-6 用 Copy 方法複製工作表

Copy 方法是 Worksheet 物件的另一種常用方法，使用它可以解決各種複製工作表的問題。

1 . 將工作表複製到指定位置

如果想將工作表複製到指定的工作表之前或之後，需要通過 Copy 方法的 before 或 after 參數指定，例如：

```
Worksheets(3).Copy before:=Worksheets(1)        '將第 3 張工作表複製到第 1 張工作表前
```

before 或 after 參數告訴 VBA，應該把複製得到的工作表放在哪裡

兩個參數同時只能使用一個

```
Worksheets(2).Copy after:=Worksheets(3)  '將第 2 張工作表複製到第 3 張工作表之後
```

2．將工作表複製到新活頁簿中

如果不替 Copy 方法設定參數，Excel 會將指定的工作表複製到新活頁簿中，例如：

```
Worksheets(1).Copy                '複製使用中的活頁簿中的第 1 張工作表到新活頁簿中
```

執行這列程式碼後，Excel 會將第 1 張工作表複製到新活頁簿中，複製得到的工作表標籤名稱與原表的標籤名稱完全相同，並且新活頁簿中只有複製得到的工作表，如圖 4-18 所示。

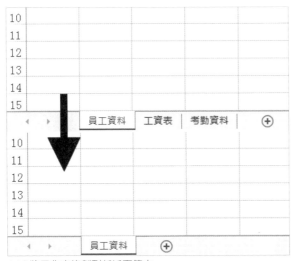

4-18 將工作表複製到新活頁簿中

> **TIPS** 無論將工作表複製到哪裡，複製得到的工作表總會成為使用中的工作表。在執行複製命令後，如果想對複製得到的工作表進行各種設定或操作，可以直接使用 ActiveSheet 引用它。

4-4-7 用 Move 方法移動工作表

用 Move 方法可以將工作表移動到指定位置，用法與 Copy 方法類似，可以通過 before 或 after 參數設定移動工作表的目標位置，也可以不設定任何參數，將工作表移動到新活頁簿中，例如：

```
Worksheets(3).Move before:=Worksheets(1)    '將第 3 張工作表移動到第 1 張工作表前
```

```
Worksheets(2).Move after:=Worksheets(3)    '將第 2 張工作表移動到第 3 張工作表之後
```

```
Worksheets(1).Move                          '將第 1 張工作表移動到新活頁簿中
```

和 Copy 方法一樣，用 Move 方法移動工作表後，移動後的工作表將成為使用中的工作表。

4-4-8 用 Visible 隱藏或顯示工作表

可以設定工作表的 Visible 屬性來顯示或隱藏指定的工作表。

如果想隱藏使用中的活頁簿中的第 1 張工作表，可以使用下面 3 列程式碼中的任意一列：

```
Worksheets(1).Visible = False               '隱藏使用中的活頁簿中的第 1 張工作表
```

```
Worksheets(1).Visible = xlSheetHidden       '隱藏使用中的活頁簿中的第 1 張工作表
```

```
Worksheets(1).Visible = 0                    '隱藏使用中的活頁簿中的第 1 張工作表
```

這三列程式碼的作用是一樣的，等同於按圖 4-19 所示的方法隱藏工作表。

4-19 用功能表命令隱藏工作表

透過這種方法將工作表隱藏後，再依次執行【常用】→【格式】→【隱藏及取消隱藏】
→【取消隱藏工作表】命令即可重新顯示它。

如果不想讓別人通過這種方法來取消隱藏的工作表，可以使用下面兩列程式碼中的任
意一列來隱藏工作表：

```
Worksheets(1).Visible = xlSheetVeryHidden    '隱藏使用中的活頁簿中的第 1 張工作表
```

```
Worksheets(1).Visible = 2                    '隱藏使用中的活頁簿中的第 1 張工作表
```

這兩列程式碼的作用是一樣的，但與之前的 3 列程式碼作用
並不相同。透過這種方式隱藏的工作表，只能透過 VBA 程
式碼，或在〔屬性視窗〕中設定重新顯示它，如圖 4-20 所示。

4-20 在〔屬性視窗〕中隱藏或顯示工作表

 可以直接在〔屬性視窗〕中設定 Worksheet 物件的 Visible 屬性用來隱藏或顯示工作表。

TIPS

如果想用 VBA 程式碼顯示已經隱藏的第 1 張工作表，可以使用下面 4 列程式碼中的
任意一列：

```
Worksheets(1).Visible = True
```

```
Worksheets(1).Visible = xlSheetVisible
```

```
Worksheets(1).Visible = 1
```

```
Worksheets(1).Visible = -1
```

4-4-9 用 Count 取得活頁簿中的工作表數量

Worksheets 物件的 Count 屬性傳回活頁簿中所有的工作表數量，例如：

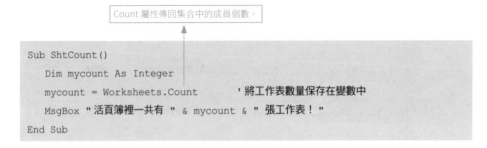

```
Sub ShtCount()
    Dim mycount As Integer
    mycount = Worksheets.Count          '將工作表數量保存在變數中
    MsgBox "活頁簿裡一共有 " & mycount & " 張工作表！"
End Sub
```

執行這個程式後的效果如圖 4-21 所示。

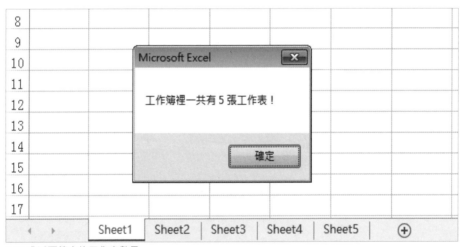

4-21 求活頁簿中的工作表數量

4-4-10 容易混淆的 Sheets 與 Worksheets

1 · 有時我們會覺得它們是相同的

有時，我們會看到別人在 VBA 程式中本該使用 Worksheets 的地方使用了 Sheets，並且執行程式碼後，得到的都是相同的結果，例如：

```
MsgBox "第 3 張工作表的標籤名稱是：" & Sheets(3).Name
```

```
MsgBox "第 3 張工作表的標籤名稱是：" & Worksheets(3).Name
```

執行這兩列程式碼後，Excel 都會顯示如圖 4-22 所示的對話方塊。

4-22 活頁簿中第 3 張工作表的標籤名稱

讓我們再在同活頁簿中看看 Sheets 集合與 Worksheets 集合包含的成員個數是否相等，例如：

```
Sub ShtCount()
   MsgBox "Sheets 包含的成員個數是：" & Sheets.Count & Chr(10) _
   & "Worksheets 包含的成員個數是：" & Worksheets.Count
End Sub
```

執行這個程式的效果如圖 4-23 所示。

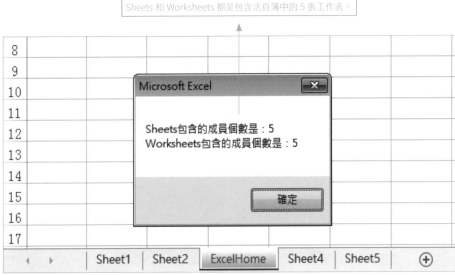

4-23 求集合中的成員個數

很多跡象都給我們一種感覺：Sheets 與 Worksheets 引用的都是相同的物件，它們之間並沒有什麼區別，但事實並非如此。

2．別混淆，Sheets 與 Worksheets 是兩種不同的集合
前面我們提到，Excel 中一共有 4 種不同類型的工作表，Sheets 表示活頁簿中所有類型的工作表組成的集合，而 Worksheets 只表示普通工作表組成的集合。也就是說，Worksheets 集合包含的只是 Sheets 集合中一種類型的工作表，Sheets 集合包含的成員個數可能比 Worksheets 包含的成員個數多。

Sheets 與 Worksheets 兩個集合都有標籤名稱、程式碼名稱、索引號碼等屬性，也都有 Add、Delete、Copy 和 Move 等方法，設定屬性或使用方法的操作類似，但因為 Sheets 集合包含更多類型的工作表，所以其包含的方法和屬性比 Worksheets 集合更多。

4-5 | 操作的核心，至關重要的 Range 物件

Range 物件由工作表中的儲存格或儲存格區域組成。Range 物件包含在 Worksheet 物件中，是我們在使用 Excel 的過程中，接觸和操作得最多的一類物件。

4-5-1 用 Range 屬性引用儲存格

在 VBA 中，可以使用 Worksheet 或 Range 物件的 Range 屬性來引用儲存格。

1．引用單個固定的儲存格區域

這種方法實際就是通過儲存格位址來引用儲存格，例如：

參數是表示儲存格位址（A1 樣式）的字串

```
Sub rng()
    Range("A1:A10").Value = 200        ' 在使用中的工作表的 A1:A10 輸入數值 200
    Dim n As String
    n = "B1:B10"
    Range(n) = 100        ' 在目前使用中的工作表的 B1:B10 輸入數值 100
End Sub
```

參數是表示儲存格位址的字串變數

如果一個儲存格區域已經被定義為名稱，如圖 4-24 所示。

4-24 將 A1:C10 儲存格區域定義為名稱 C_Date

要引用定義為名稱的儲存格，可以將 Range 屬性的參數設定為表示名稱的字串或變量，例如：

```
Range("C_Date").Value = 100
```

2．引用多個不連續的儲存格區域

如果要引用多個不連續的儲存格區域，可以將 Range 屬性的參數設定為一個用逗號分隔的多個儲存格位址組成的字串，例如：

 TIPS 無論有多少個區域，參數都只是一個字元串，參數中各個區域的位址間用逗號分隔。

```
Range("A1:A10,A4:E6,C3:D9").Select          ' 選中多個不連續的儲存格區域
```

執行這列程式碼的效果如圖 4-25 所示。

執行程式碼後，3 個區域都被選中了。

	A	B	C	D	E	F	G
1							
2							
3							
4							
5							
6							
7							
8							
9							
10							
11							
12							

4-25 引用多個不連續的儲存格區域

3·引用多個區域的公共區域

如果要引用多個區域的公共區域，可以將 Range 屬性的參數設定為一個用空格分隔的
多個儲存格位址組成的字串，例如：

儘管中間有空格，但參數只是一個字串。

```
Range("B1:B10 A4:D6").Value = 100   ' 在兩個儲存格區域的公共區域輸入 100
```

參數中的各個儲存格地址用空格分隔，而不是逗號。

執行這列程式碼後的效果如圖 4-26 所示。

只在參數中兩個區域的公共區域中輸入資料。

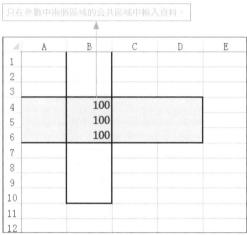

4-26 引用多個區域的公共區域

4·引用兩個區域圍成的矩形區域

如果給 Range 屬性設定兩個用逗號隔開的參數，就可以引用這兩個區域圍成的矩形區
域，例如：

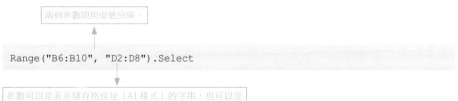

兩個參數間用逗號分隔。

```
Range("B6:B10", "D2:D8").Select
```

參數可以是表示儲存格位址（A1 樣式）的字串，也可以是
Range 物件，可以在 4-5-2 小節中瞭解具體的設定方法。

執行這條程式碼後的效果如圖 **4-27** 所示。

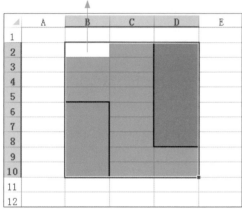

> VBA 選中的是包含兩個儲存格區域的最小矩形區域。

4-27 引用兩個儲存格區域圍成的矩形區域

4-5-2 用 Cells 屬性引用儲存格

使用 Worksheet 或 Range 物件的 Cells 屬性引用儲存格，是另一種常見的引用方式。
這種方式透過儲存格所在的列、欄號或索引號碼來引用儲存格。

1．引用工作表中指定列欄交叉的儲存格
如果要在使用中的工作表中第 3 列與第 4 欄交叉的儲存格（D3）中輸入資料「20」，
可以用程式碼：

> 3 是列號，4 是欄號，分別用來確定要引用的儲存格所在的列和欄。

```
ActiveSheet.Cells(3, 4).Value = 20          ' 在第 3 列與第 4 欄交叉的儲存格中輸入 20
```

也可以用程式碼：

> 3 是列號，D 是欄標。

```
ActiveSheet.Cells(3, "D").Value = 20          ' 在第 3 列與 D 欄交叉的儲存格中輸入 20
```

在使用 Cells 屬性引用工作表中的某個儲存格時，總是可以將程式碼寫為：

工作表物件 `.Cells(` 列號，欄標 `)`

其中，列號只能是數字，而欄標可以是數字也可以是英文字母。

2‧引用儲存格區域中的某個儲存格

如果引用的是 Range 物件的 Cells 屬性，傳回的就是該區域中指定列與指定欄交叉的儲存格，如圖 4-28 所示。

```
Range("B3:F9").Cells(2, 3)= 100      ' 在 B3:F9 區域的第 2 列與第 3 欄交叉的儲存格中
輸入 100
```

B3:F9 區域中第 2 列與第 3 欄交叉的儲存格，
就是工作表中的 D4 儲存格

	A	B	C	D	E	F	G
1							
2							
3							
4				100			
5							
6							
7							
8							
9							
10							

4-28 引用 range 物件的 cells 屬性

3‧將 Cells 屬性的返回結果設定為 Range 屬性的參數

還可以將 Cells 屬性設定為 Range 屬性的參數，例如：

這裡給 Range 屬性設定了兩個參數，還記
得兩個參數的 Range 屬性返回什麼嗎？

```
Range(Cells(1, 1), Cells(10, 5)).Select      ' 選中當前工作表的 A1:E10 儲存格。
```

這列程式碼和下面的兩列程式碼是等效的。

```
Range("A1", "E10").Select
```

```
Range(Range("A1"),Range("E10")).Select
```

4 · 使用索引號碼引用儲存格

Cells 是工作表中所有儲存格組成的集合，可以使用索引號碼引用該集合中的某個儲存格，例如：

> 2 是索引號碼，告訴 VBA，現在引用的是 ActiveSheet 中的第 2 個儲存格。

```
ActiveSheet.Cells(2).Value = 200        '在使用中的工作表的第 2 個儲存格輸入 200
```

如果引用的是 Worksheet 物件的 Cell 屬性，可設定的索引號碼為 1 到 7179869184（1048576 列 ×16384 欄）的自然數。Excel 按從左到右、從上到下的順序為儲存格編號，即 A1 為第 1 個儲存格，B1 為第 2 個儲存格，C1 為第 3 個儲存格……A2 為第 16385 個儲存格……如圖 4-29 所示。

> 如果要引用 D6 儲存格，就將索引號碼設定為 81924。

◢	A	B	C	D	E	F	G	H	I	J
1	1	2	3	4	5	6	7	8	9	10
2	16385	16386	16387	16388	16389	16390	16391	16392	16393	16394
3	32769	32770	32771	32772	32773	32774	32775	32776	32777	32778
4	49153	49154	49155	49156	49157	49158	49159	49160	49161	49162
5	65537	65538	65539	65540	65541	65542	65543	65544	65545	65546
6	81921	81922	81923	81924	81925	81926	81927	81928	81929	81930
7	98305	98306	98307	98308	98309	98310	98311	98312	98313	98314
8	114689	114690	114691	114692	114693	114694	114695	114696	114697	114698
9	131073	131074	131075	131076	131077	131078	131079	131080	131081	131082
10	147457	147458	147459	147460	147461	147462	147463	147464	147465	147466
11	163841	163842	163843	163844	163845	163846	163847	163848	163849	163850
12	180225	180226	180227	180228	180229	180230	180231	180232	180233	180234
13	196609	196610	196611	196612	196613	196614	196615	196616	196617	196618
14	212993	212994	212995	212996	212997	212998	212999	213000	213001	213002
15	229377	229378	229379	229380	229381	229382	229383	229384	229385	229386
16	245761	245762	245763	245764	245765	245766	245767	245768	245769	245770
17	262145	262146	262147	262148	262149	262150	262151	262152	262153	262154

Sheet1　Sheet2　⊕

4-29 工作表中各個儲存格的索引號碼

如果引用的是 Range 物件的 Cells 屬性，索引號碼的範圍為 1 到這個區域包含的儲存格的個數，例如：

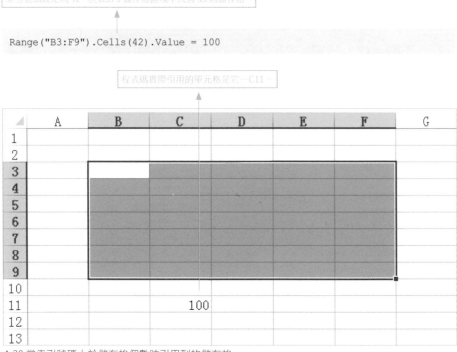

```
Range("B3:F9").Cells(8).Value = 100        ' 在 B3:F9 區域中的第 8 個儲存格輸入 100
```

但索引號碼可以大於區域中包含的儲存格個數。如果索引號碼大於儲存格個數，系統會自動將儲存格區域在列方向上進行擴展（欄數不變），如圖 4-30 所示。

```
Range("B3:F9").Cells(42).Value = 100
```

4-30 當索引號碼大於儲存格個數時引用到的儲存格

如果不設定參數，Cells 屬性返回指定區域中的所有儲存格，例如：

```
ActiveSheet.Cells.Select            ' 選中當前使用中的工作表中的所有儲存格
```

```
Range("B3:F9").Cells.Select         ' 選中 B3:F19 儲存格區域
```

4-5-3 引用儲存格，更簡短的快捷方式

可以直接將 A1 樣式的儲存格位址，或定義為名稱的名稱名寫在中括弧中來引用某個單元格區域，這是更為簡單、快捷的引用方式，例如：

```
[B2]                        'B2 儲存格
[A1:D10]                    'A1:D10 儲存格區域
[A1:A10,C1:C10,E1:E10]      ' 三個儲存格區域的交集
[B1:B10 A5:D5]             ' 兩個儲存格區域的公共部分
[n]                        ' 被定義為名稱 n 的儲存格區域
```

這種引用方式非常適合引用一個固定的 Range 物件。但是因為不能在中括弧中使用變數，所以這種引用方式缺少靈活性，不能借助變數更改要引用的儲存格。

TIPS 有一點要注意，使用這種方法引用單元格，中括弧中的參數無論是儲存格地址還是名稱名，都不需要寫在引號中間。

4-5-4 引用整列儲存格

在 VBA 中，Rows 表示工作表或某個區域中所有列組成的集合。要引用工作表中的指定列，可以使用列號和索引號碼兩種方式。例如：

Rows 返回其父物件（ActiveSheet）中所有列組成的集合。

```
ActiveSheet.Rows("3:3").Select      ' 選中使用中的工作表的第 3 列
```

```
ActiveSheet.Rows("3:5").Select      ' 選中使用中的工作表的第 3 列到第 5 列
```

參數是表示列的名稱的字串或字串變數。

如果使用索引號碼引用整列，程式碼為：

```
ActiveSheet.Rows(3).Select          ' 選中使用中的工作表中的第 3 列
```

3 是索引號碼，表示引用父物件（ActiveSheet）中的第 3 列。

如果要引用工作表中的所有列，程式碼為：

> 如果不給 Rows 屬性設定參數，則表示引用集合
> 中的所有列，效果等同於 ActiveSheet.Cells。

```
ActiveSheet.Rows.Select          '選中使用中的工作表中的所有列
```

如果引用 Range 物件的 Rows 屬性，則返回儲存格區域中的指定列，例如：

```
Rows("3:10").Rows("1:1").Select   '選中第 3 列到第 10 列區域中的第 1 列
```

執行這列程式碼後的效果如圖 4-31 所示。

```
Rows("3:10").Rows("1:1").Select   '選中第 3 列到第 10 列區域中的第 1 列
```

> 執行程式碼後，Excel 選中第 3 列到第 10
> 列區域中的第 1 列，即工作表中的第 3 列

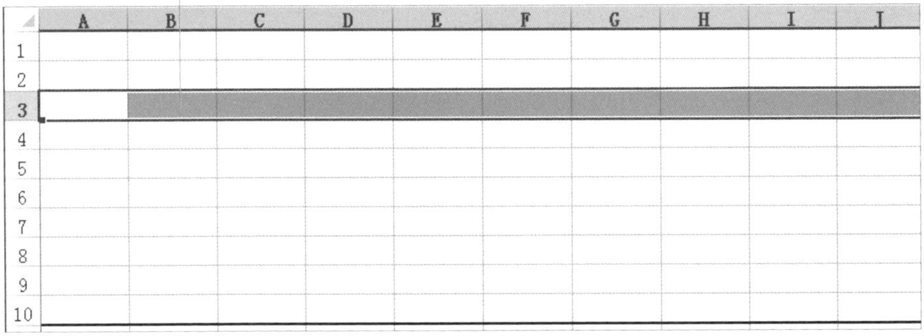

4-31 引用儲存格區域中的指定列

4-5-5 引用整欄儲存格

可以使用 Columns 屬性引用指定工作表或區域中的整欄儲存格，使用方法與使用
Rows 屬性引用整列儲存格的方法相似，例如：

```
ctiveSheet.Columns("F:G").Select   '選中使用中的工作表中的 F 到 G 欄
```

```
ActiveSheet.Columns(6).Select      '選中使用中的工作表中的第 6 欄
```

```
ActiveSheet.Columns.Select                    '選中使用中的工作表中的所有欄
```

```
Columns("B:G").Columns("B:B").Select          '選中 B:G 欄區域中的第 2 欄
```

4-5-6 用 Union 方法合併多個儲存格區域

Application 物件的 Union 方法傳回參數指定的多個儲存格區域的合併區域，使用該方法可以將多個 Range 物件組合在一起，進行批次操作，例如：

Union 方法的參數是多個 Range 物件（最少 2 個、最多 30 個），各參數間用逗號分隔。

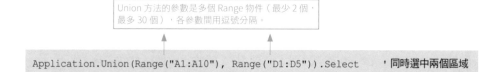

```
Application.Union(Range("A1:A10"), Range("D1:D5")).Select      '同時選中兩個區域
```

執行這列程式碼後的效果如圖 4-32 所示。

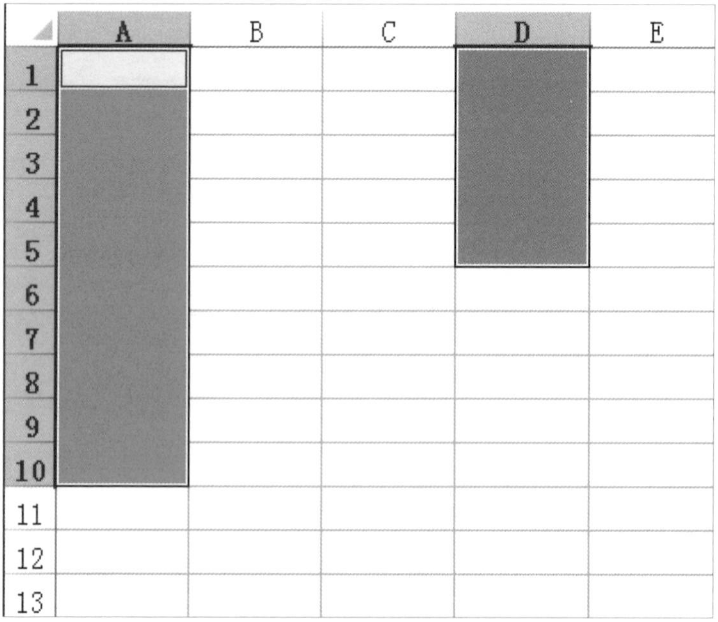

A
B
C
D
E
1
2
3
4
5
6
7
8
9
10
11
12
13

4-32 使用 union 方法選中兩個不連續的儲存格區域

4-5-7 Range 物件的 Offset 屬性

Range 物件的 Offset 屬性，作用類似工作表中的 Offset 函數。

使用 Offset 屬性，可以獲得相對於指定儲存格區域一定偏移量位置上的儲存格區域。
例如：

> Offset 通過括弧中的兩個參數確定要返回的儲存格。

```
Range("A1").Offset(4, 0).Value = 500        ' 在 A1 下方的第 4 個儲存格中輸入數值 500
```

執行這列程式碼後的效果如圖 4-33 所示。

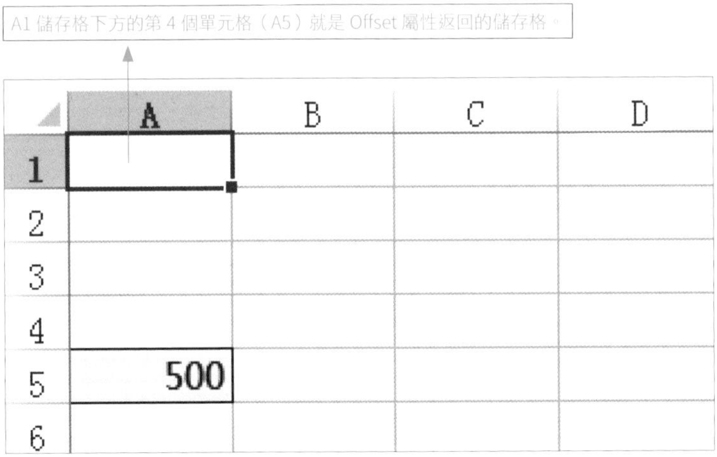

> A1 儲存格下方的第 4 個單元格（A5）就是 Offset 屬性返回的儲存格。

4-33 Offset 屬性的返回結果

Offset 屬性有兩個參數，分別用來設定該屬性的父物件在上下或左右方向上偏移的列
欄數，例如：

```
Range("B2:C3").Offset(5, 3).Value = 500
```

從 B2:C3（Offset 屬性的父物件）出發，向下移動 5 列（Offset 屬性的第 1 參數），再
向右移動 3 欄（Offset 屬性的第 2 參數），得到的儲存格 E7:F8 就是 Offset 屬性的返
回結果，也是要輸入資料的儲存格區域，如圖 4-34 所示。

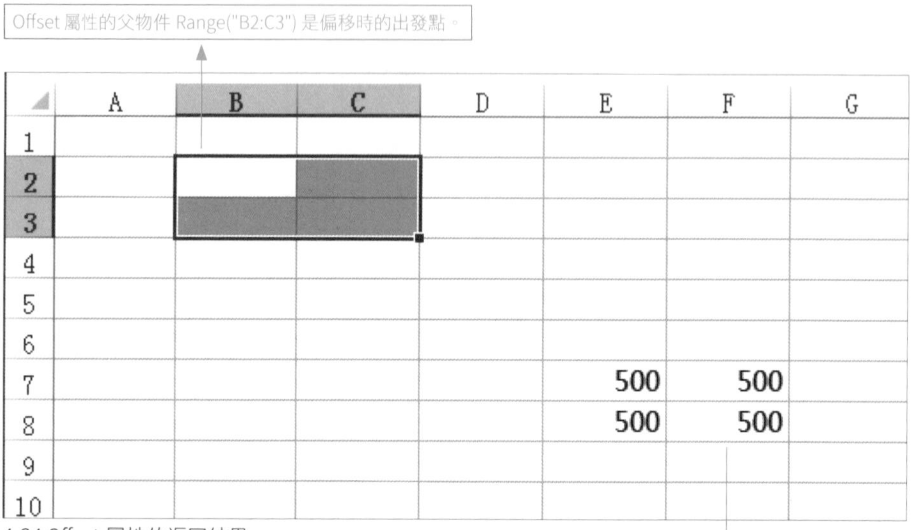

Offset 屬性的父物件 Range("B2:C3") 是偏移時的出發點。

4-34 Offset 屬性的返回結果

E7:F8 是按 Offset 的參數設定偏移後得到的儲存格區域。

Offset 屬性通過參數中數值的大小來確定偏移的列欄數，透過參數的正負來確定偏移的方向。如果 Offset 屬性的參數是正數，表示向下或向右偏移，如果參數為負數，表示向上或向左移動，如果參數為 0，則不偏移，如圖 4-35 所示。

```
Range("D7:F8").Offset(-5, -2).Value = 500
```

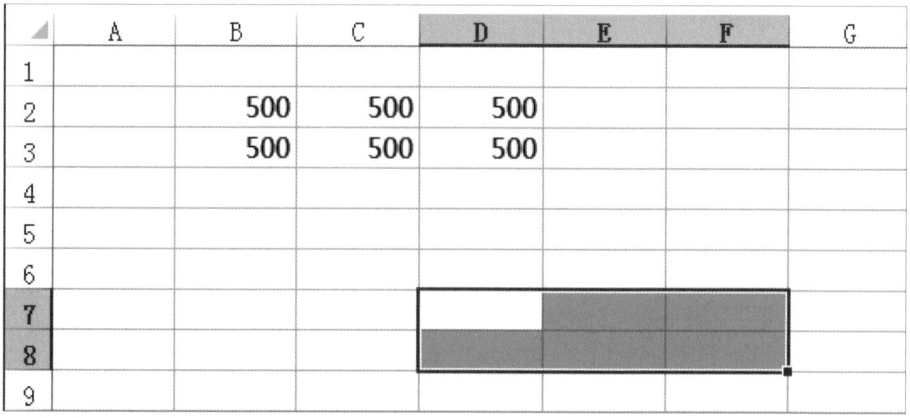

4-35 設定 offset 屬性偏移的方向和距離

4-5-8 Range 物件的 Resize 屬性

使用 Range 物件的 Resize 屬性可以將指定的儲存格區域有目的地擴大或縮小，得到一個新的儲存格區域，例如：

```
Range("B2").Resize(5, 4).Select          ' 將 B2 擴展為一個 5 列 4 欄的儲存格區域
```

執行這列程式碼後的效果如圖 4-36 所示。

4-36 使用 resize 屬性擴展儲存格區域

如果 Resize 屬性的參數小於其父物件包含的列欄數，Resize 屬性將返回一個較小的儲存格區域，例如：

```
Range("B2:E6").Resize(2, 1).Select       ' 將 B2:E6 儲存格區域收縮為 B2:B3 儲存格區域
```

執行這列程式碼後的效果如圖 4-37 所示。

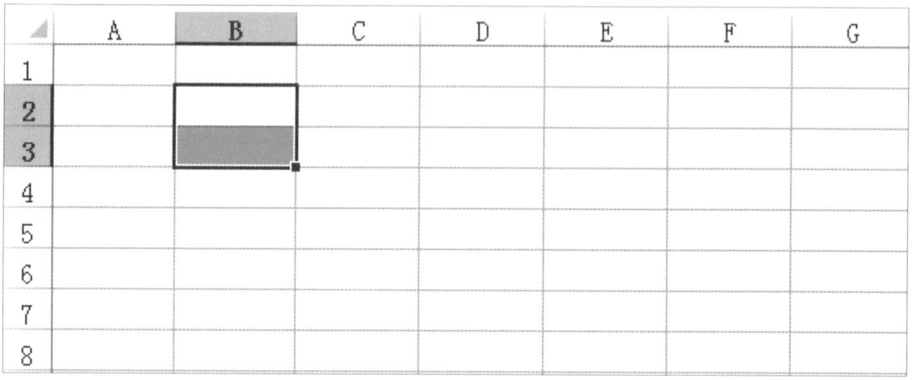

4-37 使用 resize 屬性收縮儲存格區域

4-5-9 Worksheet 物件的 UsedRange 屬性

Worksheet 物件的 UsedRange 屬性傳回工作表中已經使用的儲存格圍成的矩形區域,如圖 4-38 所示。

```
ActiveSheet.UsedRange.Select        '選中使用中的工作表中已經使用的儲存格區域
```

UsedRange 返回已經使用過的儲存格圍成的矩形區域。

	A	B	C	D	E	F	G	H
1	工號	姓名	基本薪	加班費	應發金額	扣除	實發金額	
2	A001	王冠廷	3500	250	3750	180	3570	
3	A002	李宗翰	3000	300	3300	150	3150	
4	A012	沈家瑋	2250		2250	160	2090	
5	A013	陳家豪	3200	150	3350	130	3220	
6	A014	黃詩涵	3100		3100	110	2990	
7	A015	羅承翰	2500	80	2580	90	2490	
8	A016	趙雅婷	2600		2600	80	2520	
9	A017	施佳穎	2550		2550	150	2400	
10	A018	許宜庭	2300	200	2500	45	2455	
11								
12								

4-38 選中 UsedRange 屬性傳回的儲存格區域

UsedRange 屬性返回的總是一個矩形區域,無論這些區域中間是否存在空列、空欄或空儲存格,如圖 4-39 所示。

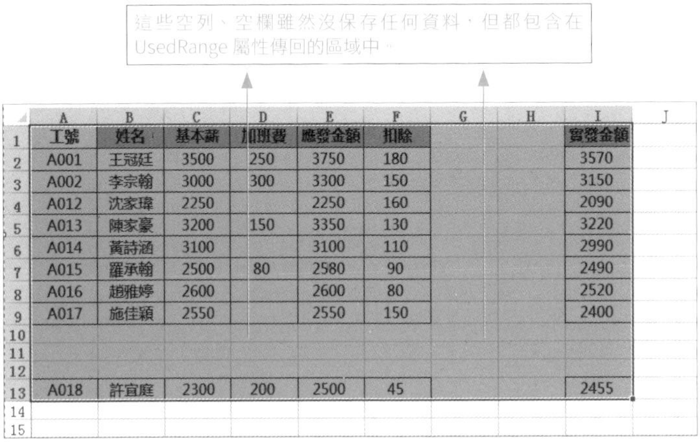

這些空列、空欄雖然沒保存任何資料，但都包含在
UsedRange 屬性傳回的區域中…

	A	B	C	D	E	F	G	H	I	J
1	工號	姓名	基本薪	加班費	應發金額	扣除			實發金額	
2	A001	王冠廷	3500	250	3750	180			3570	
3	A002	李宗翰	3000	300	3300	150			3150	
4	A012	沈家瑋	2250		2250	160			2090	
5	A013	陳家豪	3200	150	3350	130			3220	
6	A014	黃詩涵	3100		3100	110			2990	
7	A015	羅承翰	2500	80	2580	90			2490	
8	A016	趙雅婷	2600		2600	80			2520	
9	A017	施佳穎	2550		2550	150			2400	
10										
11										
12										
13	A018	許宜庭	2300	200	2500	45			2455	
14										
15										

4-39 選中 UsedRange 屬性傳回的區域

4-5-10 Range 物件的 CurrentRegion 屬性

Range 物件的 CurrentRegion 屬性，傳回包含指定儲存格在內的一個連續的矩形區域，
例如：

等同於在選中 B5 儲存格的同時，按〔F5〕鍵，定位〔當前區域〕得到的儲存格區域。

```
Range("B5").CurrentRegion.Select
```

執行這列程式碼後的效果如圖 4-40 所示。

空列及下面的區域，以及空欄及右面的區域不包含在
CurrentRegion 屬性返回的區域中…

	A	B	C	D	E	F	G	H	I	J	K
1	序號	產品代號	庫存數量	銷售數量	備註		序號	產品代號	庫存數量	銷售數量	備註
2	1	BG-001	654	148			1	BG-001	654	148	
3	2	BG-002	520	147			2	BG-002	520	147	
4	3	BG-003	554	143			3	BG-003	554	143	
5	4	BG-004	587	149			4	BG-004	587	149	
6	5	BG-005	643	143			5	BG-005	643	143	
7	6	BG-006	763	104			6	BG-006	763	104	
8	7	BG-007	485	103			7	BG-007	485	103	
9	8	BG-008	775	126			8	BG-008	775	126	
10	9	BG-009	608	117			9	BG-009	608	117	
11											
12											
13	序號	產品代號	庫存數量	銷售數量	備註						
14	1	BG-001	654	148							
15	2	BG-002	520	147							
16	3	BG-003	554	143							

4-40 CurrentRegion 屬性返回的儲存格區域

▌4-5-11 Range 物件的 End 屬性

Range 物件的 End 屬性傳回包含指定儲存格的區域最尾端的儲存格，返回結果等同於在儲存格中按〔End〕+〔方向鍵〕（↑、↓、←、→）複合鍵得到的儲存格。

參數 xlUp 告訴 VBA，End 屬性傳回的是區域中最上方的儲存格。

```
MsgBox Range("C5").End(xlUp).Address    '用對話方塊顯示 End 屬性返回儲存格的位址
```

End 屬性返回的是在 C5 儲存格中，按〔End〕+〔↑〕複合鍵得到的儲存格。

執行這列程式碼的效果如圖 4-41 所示。

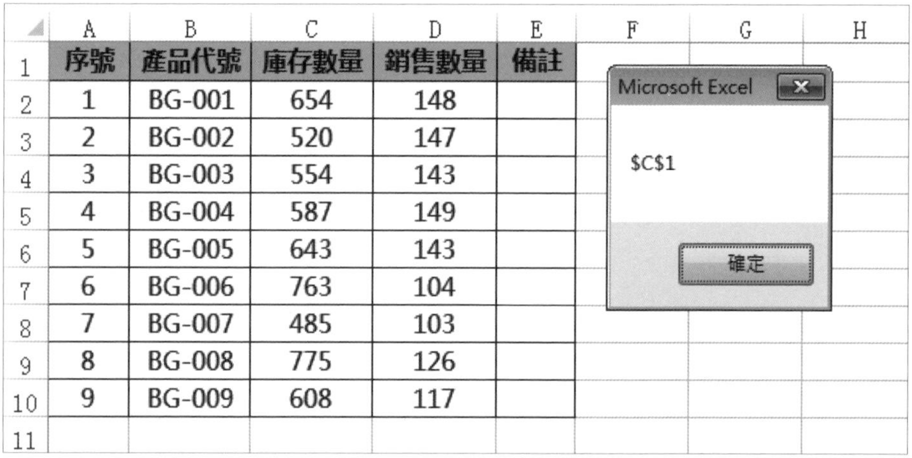

	A	B	C	D	E	F	G	H
1	序號	產品代號	庫存數量	銷售數量	備註			
2	1	BG-001	654	148				
3	2	BG-002	520	147				
4	3	BG-003	554	143				
5	4	BG-004	587	149				
6	5	BG-005	643	143				
7	6	BG-006	763	104				
8	7	BG-007	485	103				
9	8	BG-008	775	126				
10	9	BG-009	608	117				
11								

（對話方塊顯示：Microsoft Excel　$C$1　確定）

4-41 End 屬性返回的儲存格及其位址

End 屬性的參數一共有 4 個可選項，分別用於指定要返回的是上、下、左、右哪個方向最尾端的儲存格，如表 4-4 所示。

表 4-4 End 屬性的參數及說明

可設定的參數	參數說明
xlToLeft	等同於在儲存格中按〔End〕+〔←〕
xlToRight	等同於在儲存格中按〔End〕+〔→〕
xlUp	等同於在儲存格中按〔End〕+〔↑〕
xlDown	等同於在儲存格中按〔End〕+〔↓〕

當使用程式在一張工作表中新增資料時，我們希望將資料增加到工作表的第 1 個空儲存格中，如圖 4-42 所示。

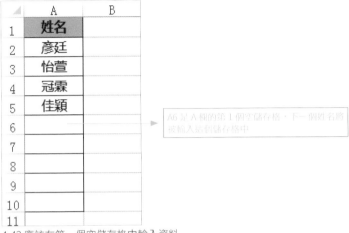

4-42 應該在第一個空儲存格中輸入資料

要讓程式往儲存格中輸入資料，首先得確定第 1 個空儲存格是哪個儲存格，End 屬性就可以解決這一問題，例如：

> 在 A 欄最後一個儲存格按〔End〕+〔↑〕複合鍵，即可得到 A 欄最後一個非空儲存格。

```
ActiveSheet.Range("A1048576").End(xlUp).Offset(1, 0).Value = "劉偉"
```

> 最後一個非空儲存格向下偏移一列，即可得到第 1 個空儲存格，該儲存格即為要輸入資料的儲存格。

有一點需要注意，如果 A 欄全為空儲存格，那 Range("A1048576").End(xlUp) 傳回的
是 A1 儲存格，同樣的程式碼實際上是在 A2 儲存格輸入資料，如圖 4-43 所示。

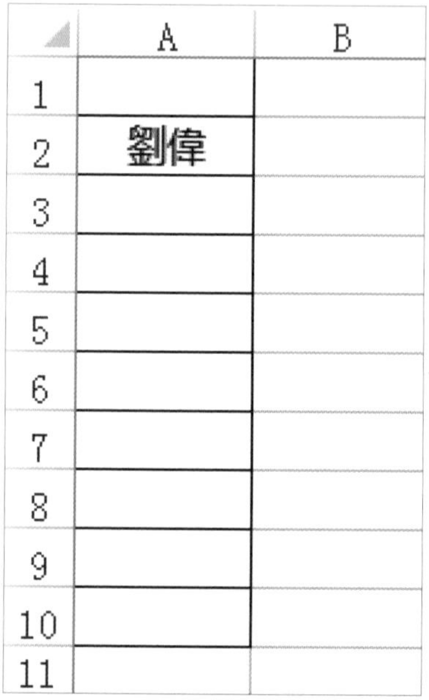

	A	B
1		
2	劉偉	
3		
4		
5		
6		
7		
8		
9		
10		
11		

4-43 當 A 欄全為空時輸入資料的儲存格

要解決這一問題，可以在儲存格中輸入資料前，使用 If 語句判斷 End 屬性傳回的結
果是否為空儲存格，再根據判斷結果選擇應該在哪個儲存格輸入資料，例如：

```
Sub Test()
    Dim c As Range
    Set c = ActiveSheet.Range("A1048576").End(xlUp)
    If c.Value <> "" Then
        c.Offset(1, 0).Value = "劉偉"
    Else
        c.Value = "劉偉"
    End If
End Sub
```

4-5-12 儲存格中的內容：Value 屬性

如果儲存格是一個瓶子，Value 屬性就是裝在瓶子裡的東西。輸入內容，修改資料，
這些都是在設定 Range 物件的 Value 屬性，例如：

```
Range("A1:B2").Value= "abc"              ' 在 A1:B2 中輸入 abc
```

想知道儲存格中保存了什麼資料，可以訪問它的 Value 屬性，例如：

```
Range("B1").Value = Range("A1").Value    ' 把 A1 儲存格中的資料寫入 B1 儲存格中
```

Value 是 Range 物件的預設屬性，在給區域賦值時，可以省略屬性名稱，將程式碼寫為：

```
Range("A1:B2")= "abc"                    ' 在 A1:B2 儲存格區域輸入 abc
```

但為了保證程式運列過程中不出現意外，建議保留 Value 屬性。

4-5-13 用 Count 取得區域中包含的儲存格個數

Range 物件的 Count 屬性返回指定儲存格區域中包含的儲存格個數，如果想知道
B4:F10 儲存格區域一共有多少個儲存格，可以用程式碼：

```
Range("B4:F10").Count
```

如果想知道某個區域包含的列數或欄數，可以用程式碼：

```
ActiveSheet.UsedRange.Rows.Count         ' 使用中的工作表中已使用區域包含的列數
ActiveSheet.UsedRange.Columns.Count      ' 使用中的工作表中已使用區域包含的欄數
```

4-5-14 透過 Address 屬性獲得儲存格的位址

想知道某個儲存格的位址，可以訪問它的 Address 屬性，例如：

> Selection 是對使用中的工作表中當前選中的物件的引用。

```
MsgBox "當前選中的儲存格地址為：" & Selection.Address
```

執行這列程式碼的效果如圖 4-44 所示。

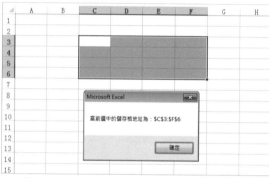

4-44 訪問 address 屬性獲得儲存格的位址

4-5-15 用 Activate 與 Select 方法選中儲存格

要選中一個儲存格區域，可以使用 Range 物件的 Activate 方法和 Select 方法，例如：

```
ActiveSheet.Range("A1:F5").Activate    '選中使用中的工作表中的 A1:F5
```

```
ActiveSheet.Range("A1:F5").Select    '選中使用中的工作表中的 A1:F5
```

這兩列程式碼是等效的，執行後都能選中使用中的工作表中的 A1:F5 儲存格區域，如圖 4-45 所示。

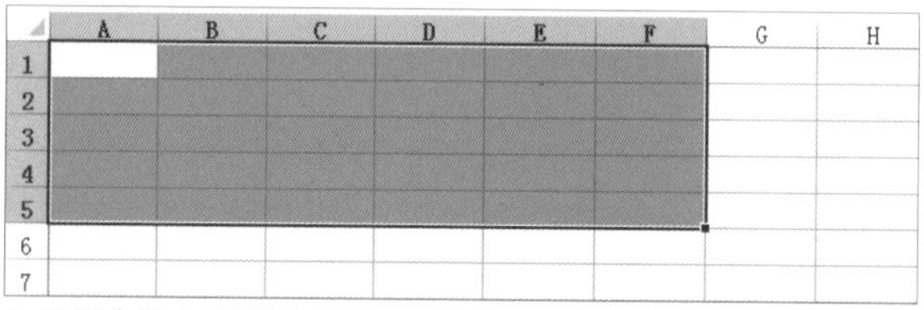

4-45 選中儲存格區域

4-5-16 選擇清除儲存格中的資訊

一個儲存格中不僅有資料，還有格式、批註、超連結等。不同的內容，可以透過執行「工具欄」中相應的命令清除它們，如圖 4-46 所示。

4-46 執行「工具欄」中的命令清除儲存格中的內容

4-5-17 用 Copy 方法複製儲存格區域

讓我們先錄製一個複製 A1 儲存格到 C1 儲存格的巨集，在巨集程式碼的基礎上，來學習複製單元格的方法。

```
Sub 巨集1()
    Range("A1").Select
    Selection.Copy
    Range("C1").Select
    ActiveSheet.Paste
End Sub
```

這就是一個複製儲存格的巨集，其中包括 4 列程式碼，每列程式碼對應一個操作。

第 1 列：選中 A1 儲存格。
第 2 列：複製選中的儲存格。
第 3 列：選中 C1 儲存格。
第 4 列：貼上。

要複製其他儲存格，只要更改這個巨集中第 1 列和第 3 列程式碼中的儲存格地址就可以了。

借助巨集錄製器能得到一些我們需要的程式碼，減少手動輸入的工作量，這是獲得 VBA 程式碼的一種途徑。但是在錄製巨集得到的程式碼中，往往會有多餘操作產生的程式碼，需要我們手動去修改或刪除它。

例如，在使用 VBA 程式碼複製儲存格時，並不需要選中儲存格，所以如果要將 A1 儲存格複製到 C1 儲存格，用下面的程式碼就可以了：

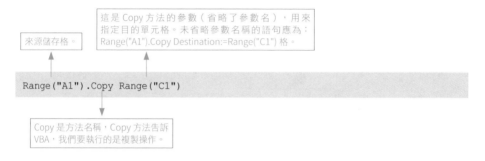

所以，一個複製儲存格的語句，可以寫為這樣的結構：

有一點需要說明，無論複製的區域包含多少個儲存格，在設定目的區域時，都可以只指定一個儲存格作為目的地區域最左上角的儲存格即可，例如：

執行這列程式碼的效果如圖 4-47 所示。

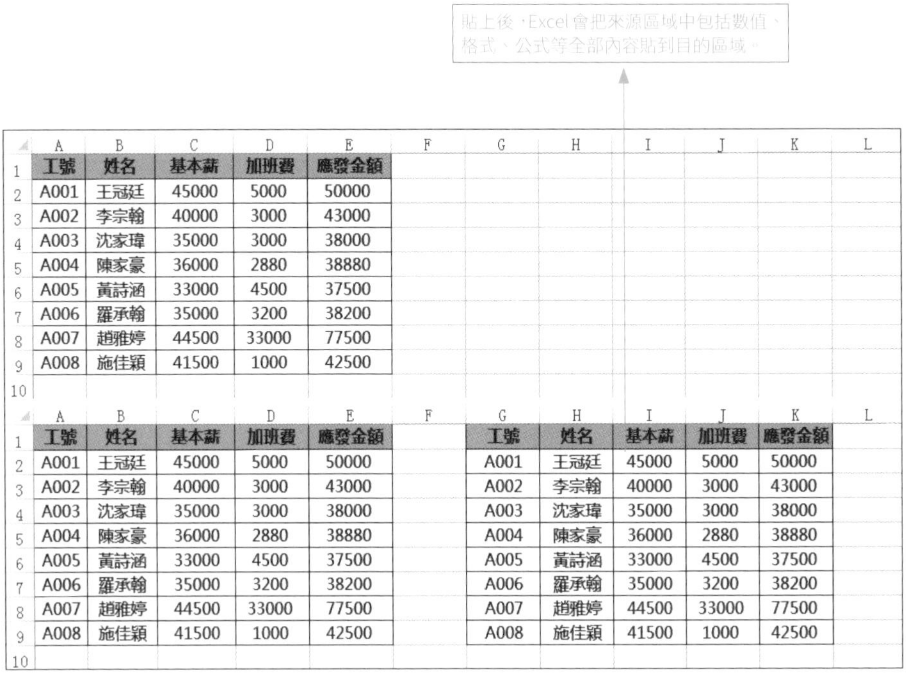

貼上後，Excel 會把來源區域中包括數值、格式、公式等全部內容貼到目的區域。

	A	B	C	D	E	F	G	H	I	J	K	L
1	工號	姓名	基本薪	加班費	應發金額							
2	A001	王冠廷	45000	5000	50000							
3	A002	李宗翰	40000	3000	43000							
4	A003	沈家瑋	35000	3000	38000							
5	A004	陳家豪	36000	2880	38880							
6	A005	黃詩涵	33000	4500	37500							
7	A006	羅承翰	35000	3200	38200							
8	A007	趙雅婷	44500	33000	77500							
9	A008	施佳穎	41500	1000	42500							
10												

	A	B	C	D	E	F	G	H	I	J	K	L
1	工號	姓名	基本薪	加班費	應發金額		工號	姓名	基本薪	加班費	應發金額	
2	A001	王冠廷	45000	5000	50000		A001	王冠廷	45000	5000	50000	
3	A002	李宗翰	40000	3000	43000		A002	李宗翰	40000	3000	43000	
4	A003	沈家瑋	35000	3000	38000		A003	沈家瑋	35000	3000	38000	
5	A004	陳家豪	36000	2880	38880		A004	陳家豪	36000	2880	38880	
6	A005	黃詩涵	33000	4500	37500		A005	黃詩涵	33000	4500	37500	
7	A006	羅承翰	35000	3200	38200		A006	羅承翰	35000	3200	38200	
8	A007	趙雅婷	44500	33000	77500		A007	趙雅婷	44500	33000	77500	
9	A008	施佳穎	41500	1000	42500		A008	施佳穎	41500	1000	42500	
10												

4-47 只指定目的地區域最左上角的儲存格

4-5-18 用 Cut 方法剪貼儲存格

使用 Cut 方法可以將一個儲存格區域剪貼到另一個儲存格區域。

剪貼儲存格和複製儲存格，除方法名稱不同外，其他基本相似，大家可以參照 Copy 方法的用法來使用 Cut 方法，例如：

```
Range("A1:E5").Cut Destination:=Range("G1")   ' 把 A1:E5 剪貼到 G1:K5


Range("A1").Cut Range("G1")                   ' 把 A1 剪貼到 G1


Range("A6:E10").Cut Range("G6")               ' 把 A6:E10 剪貼到 G6:K10
```

4-5-19 用 Delete 方法刪除指定的儲存格

每次透過手動操作的方式刪除儲存格，Excel 都會給出如圖 4-48 所示的對話方塊，只有選中對話方塊中的某一項，再按一下〔確定〕按鈕，Excel 才會執行刪除儲存格的操作。

我們得通過對話方塊告訴 Excel，當刪除指定的儲存格後，怎麼處理其他儲存格。

使用 Range 物件的 Delete 方法也可以刪除指定的儲存格，但與手動刪除儲存格不同，透過 VBA 程式碼刪除儲存格，Excel 不會顯示【刪除】對話方塊，我們也無法在對話方塊中選擇刪除儲存格後，處理其他儲存格的方式。

想讓 Excel 在刪除指定的儲存格後，按自己的意願處理其他儲存格，需要我們透過編寫 VBA 程式碼將自己的意圖告訴 Excel。如想刪除 B3 所在的整列儲存格，應將程式碼寫為：

```
Range("B3").EntireRow.Delete
```

4-6 結合例子，學習如何操作物件

　　如果你的程式設定有匯出資料的功能，可能就需要在程式中新增建立和儲存活頁簿的程式碼。下面，讓我們來看看，怎樣利用 VBA 建立一個符合自己需求的活頁簿，並將其儲存到指定的目錄中。

4-6-1 根據需求建立活頁簿

1. 執行 Excel，進入 VBE，在「專案總管」中插入一個模組，用來儲存編寫的 VBA 程式。

2. 在模組中輸入下欄的程式碼。

```
Sub WbAdd()
    '程式建立「員工名冊 .xlsx」活頁簿，並儲存到本檔案所在的目錄中。
    Dim Wb As Workbook, sht As Worksheet
    Set Wb = Workbooks.Add                       '建立一個活頁簿，並將其指定給變數 Wb
    Set sht = Wb.Worksheets(1)
    With sht
        .Name = " 名冊 "                          '修改第一張工作表的標籤名稱
        '設定表頭
        .Range("A1:F1") = Array(" 編號 ", " 姓名 ", " 性別 ", " 出生年月 ", " 參加工
作時間 ", " 備註 ")
    End With
    Wb.SaveAs ThisWorkbook.Path & "\ 員工名冊 .xlsx"        '儲存新建的活頁簿到指
定目錄中
    ActiveWorkbook.Close                         '關閉新建的活頁簿
End Sub
```

3. 設定完成後，執行程式，就可以在資料夾中看到新建立的活頁簿檔案了，如圖 4-49 所示。

4-49 用程式建立的活頁簿檔案

4-6-2 判斷某個活頁簿是否已經開啟

開啟的活頁簿很多，要判斷名為「成績表 .xlsx」的活頁簿是否已經開啟，程式可以這樣寫：

透過 Count 屬性獲得目前已開啟的活頁簿總數。

```vba
Sub IsOpen()
    '判斷名稱為「成績表 .xlsx」的活頁簿檔案是否已經開啟。
    Dim i As Integer
    For i = 1 To Workbooks.Count
        If Workbooks(i).Name = "成績表 .xlsx" Then        '判斷活頁簿是否開啟
            MsgBox "檔案已開啟！"
            Exit Sub                                    '如果找到該檔案，退出程序
        End If
    Next
    MsgBox "檔案沒有開啟！"
End Sub
```

4-6-3 判斷資料夾中是否存在指定名稱的活頁簿

想知道某個資料夾中是否存在名稱為「員工名冊 .xlsx」的活頁簿檔案，可以用這個程式：

> 如果目錄中存在指定的檔案，Dir 函數傳回該檔案的檔案名稱，否則傳回空字串（""），透過計算 Dir 函數傳回結果包含的字元數，即可判斷資料夾中是否存在指定名稱的檔案。

```
Sub TestFile()
    '判斷指定目錄中是否存在名為「員工名冊 .xlsx」的活頁簿檔案。
    Dim fil As String
    fil = ThisWorkbook.Path & "\ 員工名冊 .xlsx" ' 將檔案名稱及路徑保存到變數 fil 中
    If Len(Dir(fil)) > 0 Then                 ' 借助 Dir 函數判斷指定的檔案是否存在
        MsgBox "活頁簿已存在！"
    Else
        MsgBox "活頁簿不存在！"
    End If
End Sub
```

4-6-4 向未開啟的活頁簿中輸入資料

一個 Excel 的活頁簿檔案，只有在開啟的時候，才能在其中輸入資料。如果想在一個未開啟的活頁簿中輸入資料，可以利用 VBA 將檔案開啟，待輸入完資料後，再將其保存並關閉。例如：

> 活頁簿只有開啟之後才能編輯它，所以先用 Open 方法開啟它。待資料輸入完成後，再將其儲存並關閉。

```
Sub WbInput()
    '在目前檔案所在目錄中的「員工名冊 .xlsx」活頁簿中增加一條記錄！"
    Dim wb As String, xrow As Integer, arr
    wb = ThisWorkbook.Path & "\員工名冊 .xlsx"        '指定要輸入資料的活頁簿檔案
    Workbooks.Open (wb)                  '開啟要輸入資料的活頁簿
    With ActiveWorkbook.Worksheets(1)        '在活頁簿中第 1 張表裡增加記錄
        xrow = .Range("A1").CurrentRegion.Rows.Count + 1    '取得表格中第一條空列號
        '將要輸入工作表的資料保存在陣欄 arr 中
        arr = Array(xrow - 1, "王冠廷", "男", #7/8/1987#, #9/1/2016#, "16年新進")
        .Cells(xrow, 1).Resize(1, 6) = arr '將陣欄寫入儲存格區域
    End With
    ActiveWorkbook.Close savechanges:=True            '關閉活頁簿，並儲存修改
End Sub
```

如果資料夾中有「員工名冊 .xlsx」這個活頁簿檔案，執行這個程式後，Excel 就會自動在原表格的後面增加一條記錄，快去試試吧。

4-6-5 隱藏使用中的工作表外的所有工作表

隱藏工作表的方法前面我們已經介紹過了。只要設定工作表的 Visible 屬性就可以隱藏或取消隱藏指定的工作表。

如果想隱藏除使用中的工作表外的所有工作表，可以用這個程式：

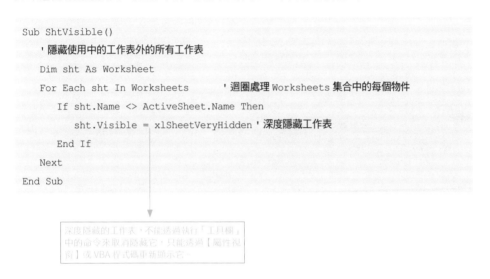

```
Sub ShtVisible()
    '隱藏使用中的工作表外的所有工作表
    Dim sht As Worksheet
    For Each sht In Worksheets        '迴圈處理 Worksheets 集合中的每個物件
        If sht.Name <> ActiveSheet.Name Then
            sht.Visible = xlSheetVeryHidden ' 深度隱藏工作表
        End If
    Next
End Sub
```

深度隱藏的工作表，不能透過執行「工具欄」
中的命令來取消隱藏它，只能透過【屬性視
窗】或 VBA 程式碼重新顯示它。

4-6-6 批次新增指定名稱的工作表

批次新增多張工作表的方法相信大家都知道吧？只要在使用 Worksheets 物件的 Add 方法時，透過 Count 參數指定數量即可，例如：

```
Worksheets.Add Count:=5                '在活頁簿中新增 5 張工作表
```

但是，這樣插入的工作表的標籤名稱都是按預設的工作表 1、工作表 2、工作表 3……的方式命名，如圖 4-50 所示。

4-50 新插入的工作表的標籤名稱

如果想新增一批已經確定名稱的工作表，如圖 4-51 所示，使用這種方法就不能達到目的。

4-51 新增的工作表及其名稱

在名稱為「資料」的工作表的 A 欄，從第 2 列開始，有多少筆資料就新增多少張工作表，新建的工作表分別以各儲存格中儲存的資料命名。

可以借助迴圈語句來解決這個問題，例如：

```
Sub ShtAdd()
    '以「資料」工作表 A 欄中的資料來新增不同名稱的工作表
    Dim i As Integer, sht As Worksheet
    i = 2                                   '儲存第 1 個工作表名稱的儲存格在第 2 列
    Set sht = Worksheets("資料")            '將儲存工作表名稱的工作表指定給變數 sht
    Do While sht.Cells(i, "A") <> ""        '直到 A 欄的儲存格為空時退出迴圈
        Worksheets.Add after:=Worksheets(Worksheets.Count)
        ActiveSheet.Name = sht.Cells(i, "A").Value      '更改工作表的標籤名稱
        i = i + 1                           '列號增加 1
    Loop
End Sub
```

在模組中輸入以上程式後，執行它，就能完成新增工作表的任務了。

4-6-7 批次將資料分類，並儲存到不同的工作表中

在一張成績表中，儲存著同一年級多個班級的成績記錄，現在要根據所屬班級對成績記錄進行分類，並儲存到與成績表結構相同（已有表頭），以班級名稱命名的工作表中，如圖 4-52、圖 4-53 所示。

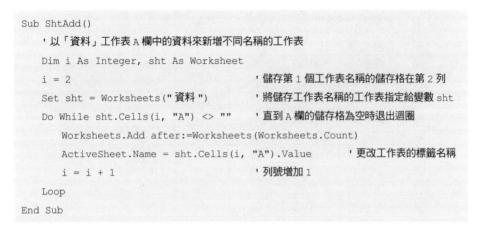

	A	B	C	D	E	F	G	H	I	J	K
1	編號	姓名	班級	國語	數學	英語	備註				
2	1	王冠廷	五(1)班	91	93	93					
3	2	李宗翰	五(2)班	100	93	96					
4	3	沈家瑋	五(2)班	98	96	96					
5	4	陳家豪	五(2)班	89	93	86					
6	5	黃詩涵	五(4)班	94	93	93					
7	6	羅承翰	五(7)班	96	99	98					
8	7	趙雅婷	五(8)班	89	93	93					
9	8	施佳穎	五(1)班	100	87	91					
10	9	廖億美	五(5)班	87	100	100					
11	10	蕭耿祥	五(1)班	86	93	98					
12	11	陳重銘	五(7)班	87	95	96					
13	12	林智隆	五(2)班	100	91	98					

成績表 ｜ 五(1)班 ｜ 五(2)班 ｜ 五(3)班 ｜ 五(4)班 ｜ 五(5)班 ｜ 五(6)班 ｜ 五(7)班 ｜ 五(8)班 ｜ 五(9)班 ｜ ⊕

4-52 成績表中的成績記錄級分表

	A	B	C	D	E	F	G	H
1	編號	姓名	班級	國語	數學	英語	備註	
2	1	王冠廷	五(1)班	91	93	93		
3	8	施佳穎	五(1)班	100	87	91		
4	10	蕭耿祥	五(1)班	86	93	98		
5	15	陳智逢	五(1)班	91	96	94		
6	16	王芳霖	五(1)班	87	100	87		
7	49	許文質	五(1)班	100	89	95		
8	50	張智惠	五(1)班	89	98	84		
9	55	洪智嘉	五(1)班	89	93	80		
10	58	鄭佳文	五(1)班	98	91	94		
11	64	張淳如	五(1)班	87	87	95		
12	80	王俊儒	五(1)班	88	87	94		
13	96	劉志誠	五(1)班	100	89	90		
14	97	李春秀	五(1)班	100	91	92		

◄ ►   成績表 五(1)班 五(2)班 五(3)班 五(4)班 五(5)班 五(6)班 五(

4-53 五 (1) 班工作表中的成績記錄

```
Sub FenLei()
    '將成績表按班級分類並保存到各工作表中
    Dim i As Long, bj As String, rng As Range
    i = 2                                   '成績表中要處理的第 1 條記錄在第 2 列
    bj = Worksheets("成績表").Cells(i, "C").Value
    Do While bj <> ""                       '直到成績表中 C 欄的儲存格為空儲存格
時終止迴圈
        '確定班級工作表中 A 欄的第 1 個空儲存格，作為寫入成績記錄的目的地區域
        Set rng = Worksheets(bj).Range("A1048576").End(xlUp).Offset(1, 0)
        Worksheets("成績表").Cells(i, "A").Resize(1, 7).Copy rng '將成績記錄
複製到相應的工作表中
        i = i + 1                           '列號加 1，以便下次迴圈時能處理下一條
成績記錄
        bj = Worksheets("成績表").Cells(i, "C").Value
    Loop
End Sub
```

在模組中輸入這個程式並執行它，Excel 就能對所有的資料進行分類了。

4-6-8 將多張工作表中的資料合併到一張工作表中

在學習如何將一張工作表中的資料分類儲存到各工作表中後，讓我們再來看一個相反操作的問題—如何將多張工作表中的資料合併到一張工作表中。

如果希望將各分表中保存的成績記錄，匯總到同活頁簿的「成績表」工作表中，可以用這個程式：

```
Sub hebing()
    '把各班成績表中的記錄合併到「成績表」工作表中
    Dim sht As Worksheet
    Set sht = Worksheets(" 成績表 ")
    sht.Rows("2:65536").Clear                  '刪除成績表中的原有記錄
    Dim wt As Worksheet, xrow As Integer, rng As Range
    For Each wt In Worksheets                   '迴圈處理活頁簿中的每張工作表
        If wt.Name <> " 成績表 " Then
            Set rng = sht.Range("A1048576").End(xlUp).Offset(1, 0)
            xrow = wt.Range("A1").CurrentRegion.Rows.Count - 1
            wt.Range("A2").Resize(xrow, 7).Copy rng
        End If
    Next
End Sub
```

4-6-9 將每張工作表都儲存為單獨的活頁簿檔案

對儲存在活頁簿中的多張工作表，如果希望將它們保存為單獨的活頁簿檔案，如圖 4-54 所示。

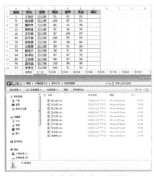

4-54 將工作表儲存為活頁簿

使用下面的程式就能解決這個問題：

```
Sub SaveToFile()
    '把各個班級的成績表以活頁簿的形式保存在指定的資料夾中
    Application.ScreenUpdating = False        '關閉螢幕更新
    Dim folder As String
    folder = ThisWorkbook.Path & "\班級成績表 "    '儲存存活頁簿檔案的目錄
    If Len(Dir(folder, vbDirectory)) = 0 Then MkDir folder        '選擇是否新增
該資料夾
    Dim sht As Worksheet
    For Each sht In Worksheets
        sht.Copy                              '複製工作表到新活頁簿
        ActiveWorkbook.SaveAs folder & "\" & sht.Name & ".xlsx" '儲存活頁簿，
並命名
        ActiveWorkbook.Close
    Next
    Application.ScreenUpdating = True        '開啟螢幕更新
End Sub
```

▌4-6-10 將多個活頁簿中的資料合併到同一張工作表

讓我們再來看一個例子，如何將類似圖 4-55 所示的同一資料夾中不同活頁簿中的資料匯總到同一工作表中。

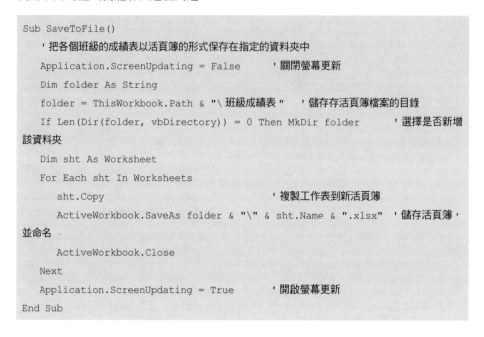

這些活頁簿中都只有一張工作表，且工作表的結構完全相同。

4-55 資料夾中儲存資料的活頁簿

這些活頁簿除了儲存的資料不同，其他地方都是相同的，它們的結構如圖 4-56 所示。

4-56 活頁簿中工作表的結構

為了方便對所有資料進行統一的匯總和分析，有時我們需要將這些不同活頁簿中的資料匯總到「成績表.xlsx」活頁簿中。可以借助 VBA 解決：打開「成績表.xlsx」，在其中插入一個模組，在其中輸入下面的程式並執行它，就能完成匯總記錄的任務了。

```
Sub HzWb()
    Dim bt As Range, r As Long, c As Long
    r = 1 '1 是表頭的列數
    c = 7 '7 是表頭的欄數
    Dim wt As Worksheet
    Set wt = ThisWorkbook.Worksheets(1)          '將匯總表指定為變數 wt
    wt.Rows(r + 1 & ":1048576").ClearContents '清除匯總表中原有的資料，只保留表頭
    Application.ScreenUpdating = False
    Dim FileName As String, sht As Worksheet, wb As Workbook
    Dim Erow As Long, fn As String, arr As Variant
    FileName = Dir(ThisWorkbook.Path & "\*.xlsx")
    Do While FileName <> ""
        If FileName <> ThisWorkbook.Name Then          '判斷檔案是否為匯總資料的活頁簿
            Erow = wt.Range("A1").CurrentRegion.Rows.Count + 1
            '取得匯總表中第一條空列列號
            fn = ThisWorkbook.Path & "\" & FileName          '將第 1 個要匯總的活頁
簿名稱指定為變數 fn
            Set wb = GetObject(fn)          '將變數 fn 代表的活頁簿物件指定為變數 wb
            Set sht = wb.Worksheets(1)          '將要匯總的工作表指定為變數 sht
            '將工作表中要匯總的記錄保存在陣欄 arr 中
            arr = sht.Range(sht.Cells(r + 1, "A"), sht.Cells(1048576, "B").
                End(xlUp).Offset(0,5))
            '將陣欄 arr 中的資料寫入工作表
            wt.Cells(Erow, "A").Resize(UBound(arr, 1), UBound(arr, 2)) = arr
            wb.Close False
        End If
        FileName = Dir                          '用 Dir 函數取得其他檔案名，並指定為變數
    Loop
    Application.ScreenUpdating = True
End Sub
```

TIPS 如果要在活頁簿中保存這個過程，需要將檔案另存為「啟用巨集的活頁簿」（副檔名為「.xlsm」），否則存檔後，Excel 不會在活頁簿中保存這個程式。

|4-6-11 幫活頁簿中所有工作表建立目錄

如果活頁簿中有許多張工作表,替這些工作表建一個帶超連結的目錄,能方便我們快速切換到某張工作表,如圖 4-57 所示。

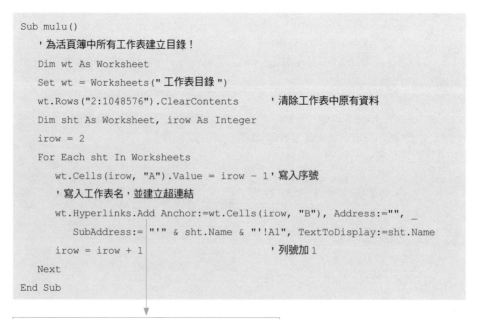

	A	B	C	D	E	F	G	H	I	J
1	編號	工作表名稱								
2	1	工作表目錄								
3	2	成績表								
4	3	五(1)班								
5	4	五(2)班								
6	5	五(3)班								
7	6	五(4)班								
8	7	五(5)班								
9	8	五(6)班								
10	9	五(7)班								
11	10	五(8)班								
12	11	五(9)班								
13										
14										

4-57 活頁簿中的工作表及其目錄

如果想為同一活頁簿中的所有工作表建一個有超連結的目錄,可以使用這個程式:

```
Sub mulu()
    '為活頁簿中所有工作表建立目錄!
    Dim wt As Worksheet
    Set wt = Worksheets("工作表目錄")
    wt.Rows("2:1048576").ClearContents        '清除工作表中原有資料
    Dim sht As Worksheet, irow As Integer
    irow = 2
    For Each sht In Worksheets
        wt.Cells(irow, "A").Value = irow - 1'寫入序號
        '寫入工作表名,並建立超連結
        wt.Hyperlinks.Add Anchor:=wt.Cells(irow, "B"), Address:="", _
            SubAddress:= "'" & sht.Name & "'!A1", TextToDisplay:=sht.Name
        irow = irow + 1                        '列號加 1
    Next
End Sub
```

該語句在工作表中新增一個超連結物件(Hyperlink 物件),其中參數 Anchor 用於指定建立超連結的位置,參數 Address 用於指定超連結的地址,參數 SubAddress 用於指定超連結的子位址,參數 TextToDisplay 用於指定要顯示的超連結的內文。

Chapter 5
執行程式的自動開關—
物件的事件

通常，我們會透過按一下某個按鈕去執行一個程式，如果把按鈕看成裝在牆壁上的
電燈開關，那事件就是安裝的聲控開關。使用事件，可以讓 VBA 自動執行我們設
定的某個程式，而不需要再手動按一下執行程式的按鈕。

5-1 用事件替程式安裝一個自動執行的開關

聲控開關能自動打開電燈，是因為它認識我們發出聲音的動作，自動打開電燈開關。而我們也可以不用手動按一下按鈕或執行其他任何操作，讓程式自動執行，這是因為借助事件，幫程式安裝了一個自動執行的開關。

5-1-1 事件就是能被物件識別的某個操作

在 Excel 中，我們每天都在操作不同的物件，如打開活頁簿、啟動工作表、選中儲存格……在眾多的操作中，有些是 Excel 的物件能識別的。而這種能被物件識別的操作，就是該物件的事件。

例如，當我們打開活頁簿時，「打開」的就是活頁簿（Workbook 物件）能識別的一個操作，「打開」就是活頁簿物件的一個事件。在 VBA 中，我們將這個事件記為「Workbook_Open」。

在 VBA 中，事件是對象的事件，但不是每個物件都有事件。不要急於知道哪些物件擁有事件，擁有哪些事件，等到學完本章的內容，大家就明白了。

5-1-2 事件是如何執行程式的

「當聽到聲音的時候自動打開電燈」，聲控開關之所以能打開電燈，是因為它記住了這個開燈的規則，在 VBA 中，事件也靠類似的規則來執行程式。

例如，「活頁簿物件」（Workbook）能識別「打開」（Open）的這個操作，我們就可以利用「Workbook_Open」這個事件，讓執行打開活頁簿的操作時，執行某個指定的程式。

5-1-3 讓 Excel 自動回應我們的操作

下面我們就一起來看看，怎樣讓 Excel 在我們打開活頁簿時，自動回應我們的操作，執行我們編寫的程式碼。

1. 依次執行〔開發人員〕→【Visual Basic】指令，進入 VBE，如圖 5-1 所示。

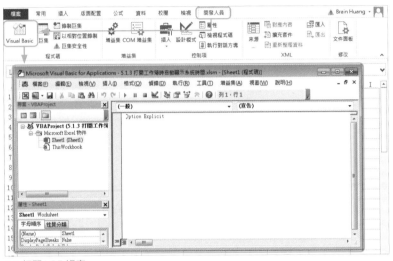

5-1 打開 VBE 視窗

2. 按兩下「專案總管」中的 ThisWorkbook 物件，打開它的「程式碼」視窗，如圖 5-2 所示。

5-2 打開 ThisWorkbook 物件的「程式碼」視窗

3. 在【物件】清單方塊中選擇「Workbook」，在【事件】清單方塊中選擇「Open」，VBA 會自動在「程式碼」視窗中插入一個程序的開始語句和結束語句，如圖 5-3 所示。VBA 自動插入的這個程序就是打開活頁簿時會自動執行的程序，想讓 Excel 打開活頁簿時執行哪些程式碼，就將這些程式碼寫在程序的開始語句和結束語句之間。

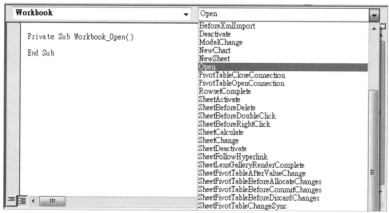

5-3 在「程式碼」視窗中選擇物件及物件的事件

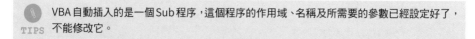

VBA 自動插入的是一個 Sub 程序，這個程序的作用域、名稱及所需要的參數已經設定好了，
TIPS　不能修改它。

4. 在 VBA 自動新建的程序中，加入要讓程式執行的程式碼，如圖 5-4 所示。

```
Private Sub Workbook_Open()
    MsgBox "現在的時間是：" & Time()
End Sub
```

5-4 在程序中加入要執行的程式碼

完成後,儲存並關閉活頁簿檔,再重新打開它,就可以看到程式執行的結果了,如圖
5-5 所示。

5-5 打開活頁簿後自動執行程式的結果

5-1-4 能自動執行的 Sub 程序—事件程序

當某個事件發生後(如打開活頁簿)自動執行的程序,我們將其稱為事件程序,事件
程序也是 Sub 程序。

與普通的 Sub 程序不同,事件程序的作用域、程序名稱及參數都不需要我們設定,也
不能隨意設定。事件程序的程序名稱總是由物件名稱及事件名稱組成的,物件在前,
事件在後,二者之間用底線連接:

想編寫關於某物件的事件程序,就應在「專案總管」中按兩下該物件所在模組,打開
該模組的「程式碼」視窗,然後在其中編寫事件程序。只有將事件程序寫在對應模組
中,程式才會自動執行。

5-1-5 讓 Excel 在儲存格中寫入目前的系統時間

1. 進入 VBE，打開 Sheet1 工作表的「程式碼」視窗，在【物件】清單方塊中選擇 Worksheet 物件，在【事件】清單方塊中選擇 Activate 事件，得到一個不含任何操作和計算程式碼的空事件程序，如圖 5-6 所示。

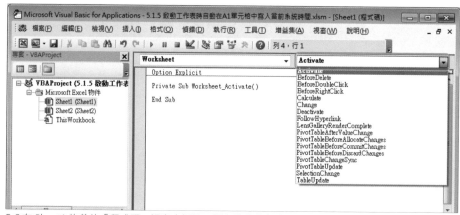

5-6 在 Sheet1 物件的「程式碼」視窗中插入一個空的事件程序

2. 將輸入目前系統時間的程式碼寫在開始語句與結束語句之間，如圖 5-7 所示。

Worksheet_Activate 告訴 VBA，當啟動事件程序所在的工作表時，自動執行該事件程序。

```
Private Sub Worksheet_Activate()
    Range("A1").Value = Time          ' 在 A1 儲存格寫入目前的系統時間
End Sub
```

5-7 編寫好的事件程序

完成後返回 Excel 工作表視窗,重新啟動事件程序所在的工作表,就能看到程式執行的結果了,如圖 5-8 所示。

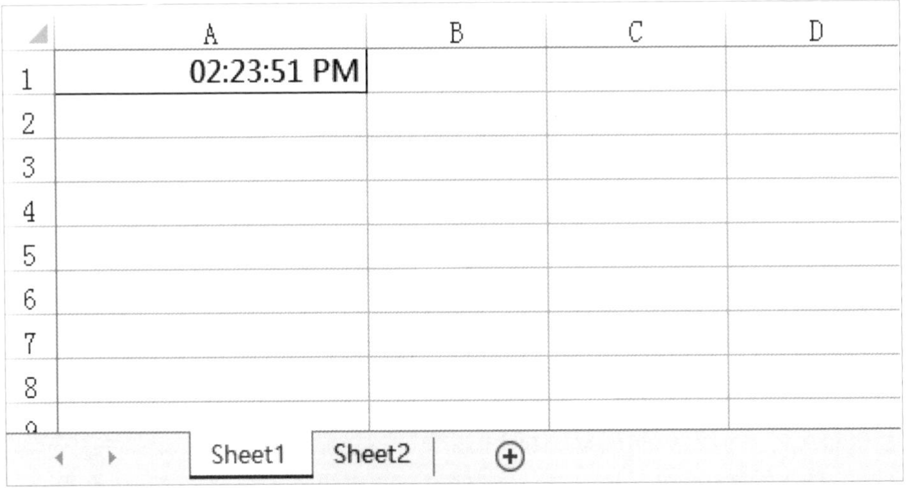

◢	A	B	C	D
1	02:23:51 PM			
2				
3				
4				
5				
6				
7				
8				
⑨				

◀ ▶ | Sheet1 | Sheet2 | ⊕

5-8 啟動工作表自動在 A1 儲存格中寫入目前的系統時間

該事件程序保存在 Sheet1 工作表中,只對 Sheet1 工作表起作用,啟動其他工作表並不會執行我們編寫的事件程序,如圖 5-9 所示。

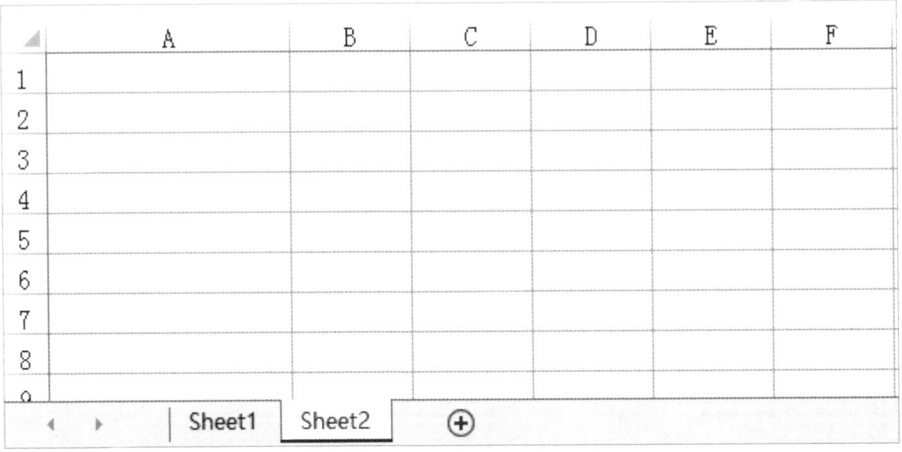

◢	A	B	C	D	E	F
1						
2						
3						
4						
5						
6						
7						
8						
⑨						

◀ ▶ | Sheet1 | Sheet2 | ⊕

5-9 啟動其他工作表不會執行事件程序

5-2 │ 使用工作表事件

作為 Excel 中最常用的對象之一，Worksheet 物件擁有許多常用的事件。下面就讓我們來看看一些常用的事件應用。

5-2-1 發生在 Worksheet 物件中的事件

一個 Worksheet 物件代表活頁簿中的一張普通工作表，如圖 5-10 所示。

工作表事件就是發生在 Worksheet 物件中的事件。一個活頁簿中可能包含多個 Worksheet 物件，而 Worksheet 事件程序必須寫在相應的 Worksheet 物件中，只有程序所在的 Worksheet 物件中的操作才能觸發相應的事件（這在 5-1-4 小節中我們已經說明過了）。

5-10 可以在這裡看到活頁簿中包含了幾個 Worksheet 物件

5-2-2 Worksheet 物件的 Change 事件

1．什麼時候會觸發 Change 事件

Worksheet 對象的 Change 事件告訴 VBA：當程序所在工作表的儲存格被更改時自動執行程式。

如果將 Change 事件的程序寫在 Sheet1 工作表中，當更改 Sheet1 工作表中的任意儲存格，都會觸發 Change 事件，並自動執行寫入其中的事件程序，如圖 5-11 所示。

5-11 在工作表中新增事件程序

完成後，Excel 就在「程式碼」視窗中自動插入了一個 Change 事件的事件程序。

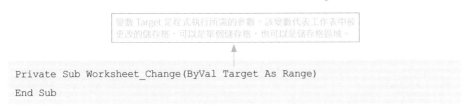

變數 Target 是程式執行所需的參數，該變數代表工作表中被更改的儲存格，可以是單個儲存格，也可以是儲存格區域。

```
Private Sub Worksheet_Change(ByVal Target As Range)
End Sub
```

編寫事件程序，通常我們都採用這種方式：依次在「程式碼」視窗的【物件】清單方塊和【事件】清單方塊中選擇相對應的物件及事件名稱，讓 VBA 替我們自動設定事件程序的作用區域、程序名稱及參數資訊。我們要做的，只是在程序的開始語句和結束語句之間，寫入要執行的 VBA 程式碼。如果大家希望全手工輸入事件程序的全部程式碼，必須確保輸入的程式碼與 VBA 自動生成的程式碼完全相同。

插入事件程序後，讓我們接著在 Change 事件的程序中加入下面的程式碼：

變數 Target 是事件程序的參數，代表被修改的儲存格，Target.Address 傳回被修改的儲存格位址。

Target.Value 代表被修改後的儲存格中儲存的資料。的儲存格，Target.Address 傳回被修改的儲存格位址。

```
MsgBox Target.Address & "儲存格的值被更改為：" & Target.Value
```

完成設定後，返回 Excel 介面，更改保存事件程序的工作表的任意儲存格，就可以看到事件程序執行的結果了，如圖 5-12 所示。

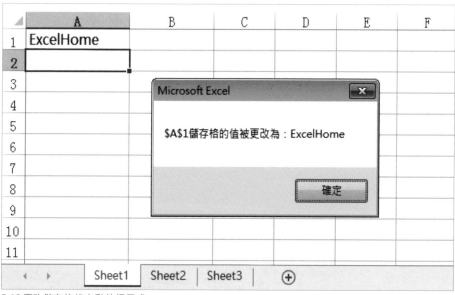

5-12 更改儲存格後自動執行程式

2．只讓部分儲存格被更改時才執行指定的程式碼

如前面所說，在 Change 事件的事件程序中，程序參數中的變數 Target 代表工作表中的任意儲存格。也就是說，當更改工作表中的任意儲存格時，都會觸發 Change 事件。

可是，我只想讓 A 列的儲存格被修改時，才執行程序中的操作，A 列之外的單元格被修改時，不執行這些操作和計算。

「如果被修改的儲存格是 A 列的儲存格，那麼執行事件程序中的操作或計算，否則不執行任何操作或計算。」這是我們的需求。

需求是用「如果……那麼……否則……」這組關聯詞連起來的句子，非常熟悉的語法，還記得在哪裡說明過嗎？應該用什麼方法解決，想起來了吧？

變數 Target 代表工作表中的任意儲存格，只想讓 A 列的儲存格被修改時才執行指定的操作或計算，可以在執行這些操作或計算前，用 If 語句判斷 Target 代表的儲存格（被修改的儲存格）是否位於 A 列就可以了，程式可以寫為：

```
Private Sub Worksheet_Change(ByVal Target As Range)
  If Target.Column = 1 Then        '判斷變數 Target 代表的儲存格列號是否為 1
    MsgBoxTarget.Address & "儲存格的值被更改為：" & Target.Value
  End If
End Sub
```

或者編寫為：

```
Private Sub Worksheet_Change(ByVal Target As Range)
   If Target.Column<> 1 Then Exit Sub
   MsgBoxTarget.Address & "儲存格的值被更改為：" & Target.Value
End Sub
```

TIPS　只有更改儲存格中保存的資料（包括清除空儲存格中的內容，輸入與原儲存格相同的資料，按兩下儲存格，按〔Enter〕鍵或方向鍵結束輸入）才會觸發 Change 事件，公式重算得到新的結果、改變單元格格式、對儲存格進行排序或篩選等都不會觸發 Change 事件。

5-2-3 禁用事件，讓事件程序不再自動執行

禁用事件，就是執行操作後不讓事件發生。在 VBA 中，可以設定 Application 物件的 EnableEvents 屬性為 False 來禁用事件。儘管已經在工作表中寫入了 Change 事件程序，如果設定了禁用事件，當更改工作表中的儲存格後，VBA 就不會執行該事件程序。

在活頁簿的第 1 張工作表中寫入下面的事件程序：

```
Private Sub Worksheet_Change(ByVal Target As Range)
    Target.Offset(0, 1).Value = "《用 VBA 增加工作效率一點也不難》"
End Sub
```

修改這張工作表的 A1 儲存格，看看得到什麼結果，如圖 5-13 所示。

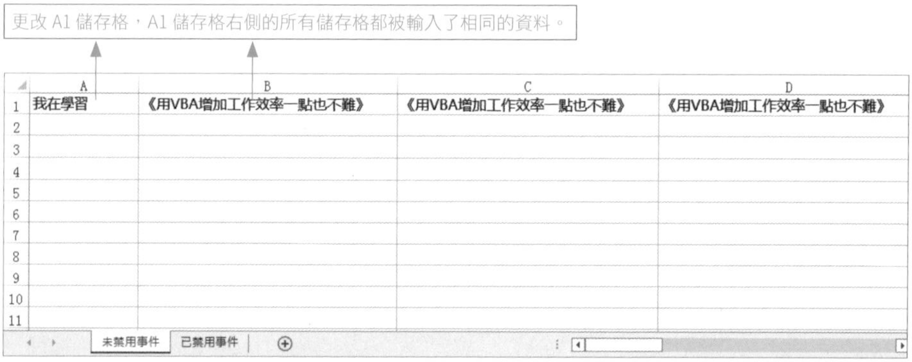

5-13 更改第 1 張工作表的儲存格執行事件程序

讓我們換到同活頁簿的第 2 張工作表，在其中寫入下面的事件程序：

```
Private Sub Worksheet_Change(ByVal Target As Range)
    Application.EnableEvents = False '禁用事件
    Target.Offset(0, 1).Value = "《用 VBA 增加工作效率一點也不難》"
    Application.EnableEvents = True '重新啟用事件
End Sub
```

設定完成後，修改第 2 張工作表的 A1 儲存格，看看所得的結果有什麼不同，如圖 5-14 所示。

5-14 更改第 2 張工作表的儲存格執行事件程序

這個程式只在 B1 儲存格寫入了資料，與第 1 個程式完全不一樣。兩個事件程序所得的結果不同，是因為我們在第 2 個事件程序中禁用了事件。既然已經禁用了事件，為什麼第 2 個工作表中的事件程序還能自動執行，並且在 B1 儲存格中輸入了資料？

無論是手動更改儲存格，還是透過程式碼更改儲存格，都會觸發工作表物件的 Change 事件。當我們手動更改 A1 單元執行事件程序後，因為該程序會修改 Target 右側的儲存格（B1 單元格）。而事件程序更改儲存格的操作會再次觸發 Change 事件，導致事件程序再次被執行……從而導致事件程序被迴圈執行，如圖 5-15 所示。

5-15 第 1 個事件程序的執行流程

禁用事件後，第 2 張工作表中的事件程序還能執行，是因為手動更改儲存格前，事件並未被禁用，所以事件程序能被執行一次，如圖 5-16 所示。

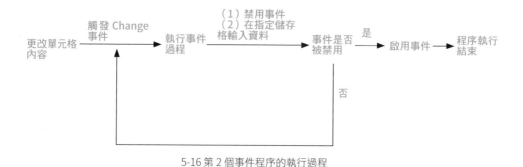

5-16 第 2 個事件程序的執行過程

大家明白為什麼要在程式中使用程式碼禁用事件了吧？

在程序中使用 Application.EnableEvents = False 禁用事件，就是為了防止執行過程中的程式碼時意外觸發事件，導致不必要的事件程序被執行。但是，無論 EnableEvents 屬性的值為 True 還是 False，都無法禁用控制項，如按鈕的事件。

 TIPS　在程序中設定 EnableEvents 屬性值為 False 禁用事件後，一定要在程序結束之前，重新將其設定為 True，否則可能導致其他事件程序無法自動執行。

5-2-4 巧用 Change 事件快速輸入資料

小王開了一家文具店，為了方便分析小店的經營情況，每售出一件商品，他都將相對應的資料記錄在如圖 5-17 所示的表格中。

	A	B	C	D	E	F	G
1	銷售日期	商品名稱	商品代號	單價（元）	銷售數量	銷售金額	
2							
3							
4							
5							
6							
7							

5-17 商品銷售登記表

需要記錄的資訊不多，只有銷售日期、商品名稱等 6 種資訊。但客人多的時候，也把他弄得手忙腳亂。

對於鉛筆，商品名稱、商品代號、單價等這些資訊都是相同的，每天賣出 100 支鉛筆，重複輸入 100 遍這些資訊實在麻煩。有什麼方法可以簡化輸入過程嗎？

如果有圖 5-18 所示的參照表，要解決這一問題就簡單了。

	A	B	C	D	E	F	G	H	I	J	K	L
1	銷售日期	商品名稱	商品代號	單價（元）	銷售數量	銷售金額				參照表		
2								首字母	商品名稱	商品代號	單價（元）	
3								WJH	文具盒	WJ-WJH-001	12	
4								QB	鉛筆	WJ-QB-003	0.5	
5								BJB	筆記本	WJ-BJB-005	8.5	
6								GB	鋼筆	WJ-GB-012	25	
7								XBD	削筆刀	WJ-XBD-002	18	
8												
9												

5-18 參照表及其中記錄的資訊

要簡化輸入過程，解決的方法很多。比如可以利用 Worksheet 物件的 Change 事件編寫事件程序，透過輸入商品名稱的首個字母來減少輸入量。

如果記錄銷售商品的表格與參照表在同一張工作表中，與圖 5-18 所示的表格完全相同，就可以借助 Change 事件，在工作表模組中輸入下面的事件程序後，就可以透過輸入商品名稱的首個字母來簡化輸入操作了。

> Application 物件的 Intersect 方法傳回參數中多個區域的公共區域，如果這些區域沒有公共區域，則返回 Nothing。

```vba
Private Sub Worksheet_Change(ByVal Target As Range)
    If Target.Count> 1 Then Exit Sub          '同時更改多個單元時結束執行程式
    '如果更改的儲存格不是 B 列第 2 行以下的儲存格時退出程式
    If Application.Intersect(Target, Range("B2:B1048576")) Is Nothing Then
Exit Sub
    If Target.Value = "" Then Exit Sub        '輸入的資料為空白時退出執行程式
    Dim i As Integer                          '定義變數 i，用於記錄商品在參照表中的
第幾行
    On Error GoTo a                           '如果 Match 函數查找出錯誤，則跳到標
籤 a 所在行繼續執行程式
    '借助工作表函數確定輸入的商品名稱是參照表中的第幾行
    i = Application.WorksheetFunction.Match(UCase(Target.Value),
Range("H:H"), False)
    Application.EnableEvents = False          '禁用事件，防止將字母改為商品名稱時，
再次執行程式
    With Target
        .Value = Cells(i, "I").Value          '自動輸入商品名稱，替換輸入的字母
        .Offset(0, -1).Value = Now            '自動輸入銷售日期與時間
        .Offset(0, 1) = Cells(i, "J").Value   '自動輸入商品程式碼
        .Offset(0, 2) = Cells(i, "K").Value   '自動寫入商品單價
        .Offset(0, 3).Select                  '選中銷售數量列，等待輸入銷售數量
    End With
    Application.EnableEvents = True           '重新啟用事件
    Exit Sub                                  '結束執行程式
a: MsgBox " 沒有與輸入內容匹配的商品。"
    Target.Value = ""
End Sub
```

設定完成後，返回工作表區域，在 B 列（保存商品名稱的列）輸入商品名稱的首個字母，就完成一則記錄的輸入了，如圖 5-19 所示。

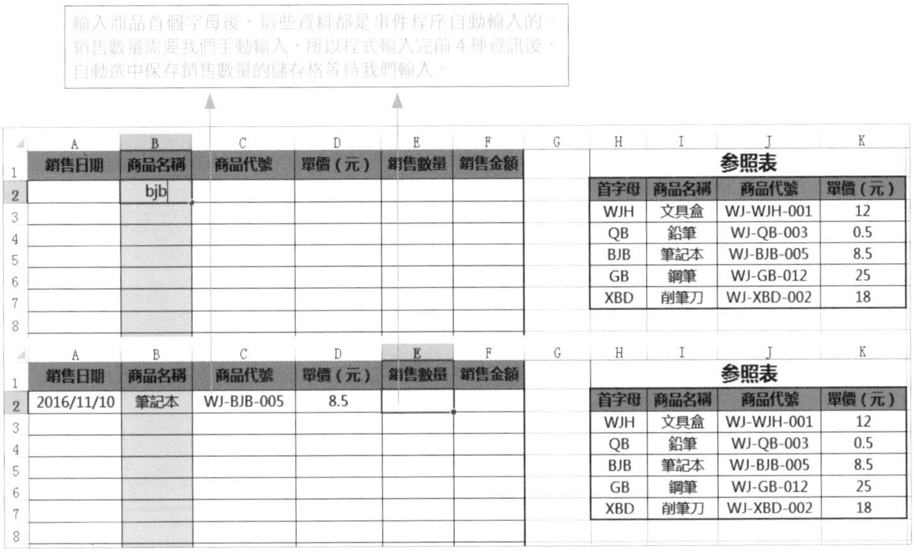

> 輸入商品首個字母後，這些資料都是事件程序自動輸入的，
> 銷售數量需要我們手動輸入，所以程式輸入完前 4 種資訊後，
> 自動跳中保存銷售數量的儲存格等待我們輸入。

	A	B	C	D	E	F	G	H	I	J	K
1	銷售日期	商品名稱	商品代號	單價（元）	銷售數量	銷售金額			參照表		
2		bjb						首字母	商品名稱	商品代號	單價（元）
3								WJH	文具盒	WJ-WJH-001	12
4								QB	鉛筆	WJ-QB-003	0.5
5								BJB	筆記本	WJ-BJB-005	8.5
6								GB	鋼筆	WJ-GB-012	25
7								XBD	削筆刀	WJ-XBD-002	18
8											

	A	B	C	D	E	F	G	H	I	J	K
1	銷售日期	商品名稱	商品代號	單價（元）	銷售數量	銷售金額			參照表		
2	2016/11/10	筆記本	WJ-BJB-005	8.5				首字母	商品名稱	商品代號	單價（元）
3								WJH	文具盒	WJ-WJH-001	12
4								QB	鉛筆	WJ-QB-003	0.5
5								BJB	筆記本	WJ-BJB-005	8.5
6								GB	鋼筆	WJ-GB-012	25
7								XBD	削筆刀	WJ-XBD-002	18
8											

5-19 用輸入商品名稱首個字母的方式簡化資訊錄入

至於最後的銷售金額，只要在該列輸入一個公式，用單價和銷售數量相乘即可得到，例如：

```
=D2*F2
```

5-2-5 當選中的儲存格改變時發生的事件

Worksheet 對象的 SelectionChange 事件告訴 VBA：當更改工作表中選中的儲存格區域時自動執行該事件的事件程序。

> 變數 Target 是程序執行所需的參數，變數
> 代表工作表中被選中的儲存格區域。

```
Private Sub Worksheet_SelectionChange(ByVal Target As Range)
    MsgBox "你現在選中的儲存格區域是：" & Target.Address
End Sub
```

在工作表物件中輸入程序後，返回工作表區域，更改選中的儲存格區域，看看 Excel 會做什麼，如圖 5-20 所示。

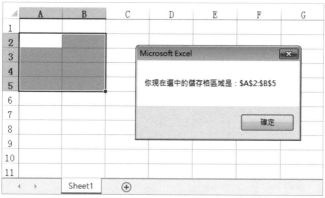

5-20 更改選中的儲存格後自動執行程式的結果

我們看到的對話盒，正是更改選中的儲存格區域後，自動執行的事件程序所產生的。

5-2-6 看看我該監考哪一場

監考表中這麼多姓名，怎樣才能快速知道葉小倩監考哪些場次？一個一個看也太麻煩了吧？一張監考安排表，密密麻麻地全是監考老師的名字，如圖 5-21 所示。

考場	國語		數學		英語		物理		化學		歷史		地理		公民	
考場1	王彩華	周嘉和	李小林	錢開平	翁麗民	王智堅	羅曉雲	錢開平	施正良	陳惠雲	陳堅良	李芸芸	張中謀	陳宣愉	周嘉豪	李婉君
考場2	劉世全	李點勇	王曉芳	曹元林	李鑫良	葉永建	葉小倩	黃筱瑋	劉哲浩	夏致新	屈恆中	王洪林	裘出介	曹春琴	李原良	林陳海
考場3	吳中天	陳宇軒	林全全	孔令其	高中進	范偉奇	林平凡	林國棟	王澤浩	梁奇楢	吳思宜	張嘉愷	高珊珊	林燕梅	劉義軒	白心宜
考場4	王飛學	羅如月	陳逸旭	楊裴安	吳定良	周娟娟	方小童	陶曉瑩	鄭志鴻	趙鄭平	廖柏翔	王琴亞	李婉華	吳凱玲	田小班	童孝賢
考場5	陳堅良	李芸芸	羅曉雲	錢開平	施正良	陳宣霖	張中謀	李婉君	翁麗民	李點勇	李原良	林陳海	李鑫良	王永建	劉世全	李點勇
考場6	屈恆中	王洪林	葉小倩	黃筱瑋	劉哲浩	夏致新	裘出介	曹春琴	李原良	陳海	李鑫良	王永建	劉世全	李點勇	王曉芳	曹元林
考場7	吳思宜	張嘉愷	林平凡	林國棟	王澤浩	梁奇楢	高珊珊	林燕梅	劉義軒	白心宜	高中進	范偉奇	吳中天	陳宇軒	林全全	孔令其
考場8	廖柏翔	王琴亞	方小童	陶曉瑩	鄭志鴻	趙鄭平	田小班	童孝賢	吳定良	周娟娟	王飛學	羅如月	陳逸旭	楊裴安	李婉華	吳凱玲
考場9	翁麗民	王智堅	張中謀	陳宣愉	周嘉豪	李婉君	王彩華	周嘉和	李小林	錢開平	施正良	陳惠雲	陳堅良	李芸芸	羅曉雲	錢開平
考場10	李鑫良	王永建	裘出介	曹春琴	李原良	林陳海	劉世全	李點勇	王曉芳	曹元林	劉哲浩	夏致新	屈恆中	王洪林	葉小倩	黃筱瑋
考場11	范偉奇	高珊珊	林燕梅	林陳海	劉世全	李點勇	白心宜	吳中其	陳宇軒	孔令其	王澤浩	梁奇楢	高珊珊	林燕梅	吳中天	陳宇軒
考場12	吳定良	周娟娟	李婉華	吳凱玲	田小班	童孝賢	王飛學	羅如月	陳逸旭	楊裴安	鄭志鴻	趙鄭平	廖柏翔	王琴亞	方小童	陶曉瑩
考場13	施正良	陳惠雲	王彩華	周嘉和	李小林	錢開平	陳堅良	李芸芸	羅曉雲	錢開平	周嘉豪	李婉君	張中謀	陳宣愉	翁麗民	王智堅
考場14	劉哲浩	夏致新	劉世全	李點勇	王曉芳	曹元林	屈恆中	王洪林	葉小倩	黃筱瑋	李原良	林陳海	裘出介	曹春琴	李鑫良	王永建
考場15	王澤浩	梁奇楢	吳中天	陳宇軒	林全全	孔令其	吳思宜	張嘉愷	林平凡	林國棟	劉義軒	白心宜	高中進	范偉奇	高珊珊	林燕梅
考場16	鄭志鴻	趙鄭平	王飛學	羅如月	陳逸旭	楊裴安	廖柏翔	王琴亞	方小童	陶曉瑩	田小班	童孝賢	吳定良	周娟娟	李婉華	吳凱玲
考場17	李鑫良	李原良	陳惠雲	錢開平	羅曉雲	李芸芸	陳宣霖	陳堅良	孔令其	施正良	陳惠雲	陳堅良	王彩華	周嘉和	周嘉豪	李婉君
考場18	李原良	林陳海	屈恆中	王洪林	葉小倩	黃筱瑋	葉永建	李鑫良	王永建	裘出介	曹春琴	王曉芳	曹元林	夏致新	劉世全	李點勇
考場19	劉義軒	白心宜	吳思宜	張嘉愷	林平凡	林國棟	高中進	范偉奇	范偉奇	高珊珊	林全全	孔令其	王澤浩	梁奇楢	吳中天	陳宇軒
考場20	田小班	童孝賢	廖柏翔	王琴亞	王琴亞	方小童	陶曉瑩	吳定良	周娟娟	李婉華	陳逸旭	楊裴安	鄭志鴻	趙鄭平	王飛學	羅如月

5-21 監考安排表

想知道「葉小倩」監考哪一場，可以將姓名為「葉小倩」的儲存格用特殊格式標注出來，如圖 5-22 所示。

5-22 用特殊格式標注出來的儲存格

要達成這個結果，有多種方法。下面我們看看如何使用 Worksheet 物件的 SelectionChange 事件解決這一問題。

```
Private Sub Worksheet_SelectionChange(ByVal Target As Range)
    Range("B3:Q22").Interior.ColorIndex = xlNone        '清除保存姓名的儲存格
網底顏色
    '當選中的儲存格不包含指定區域的儲存格時，退出程式
    If Application.Intersect(Target, Range("B3:Q22")) Is Nothing Then Exit
Sub
    '當選中的儲存格個數大於 1 時，重新給 Target 指定值
    If Target.Count> 1 Then Set Target = Target.Cells(1)
    Dim rng As Range
    For Each rng In Range("B3:Q22")    '迴圈處理 B3:Q22 中的每個儲存格
        If rng.Value = Target.Value Then rng.Interior.ColorIndex = 6
    Next rng
End Sub
```

編輯完成後，返回監考表，想知道哪位老師監考的場次，就用滑鼠選中這位老師姓名所在的任意一個儲存格，Excel 就會將所有保存這個姓名的儲存格標示出來，如圖 5-23 所示。

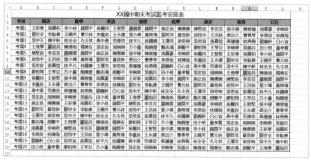

5-23 反白顯示同一教師姓名所在的儲存格

5-2-7 用批註記錄儲存格中資料的修改情況

你會經常修改儲存格中儲存的資料嗎？有沒有修改後又想恢復原來的資料，但卻忘記原來的資料是什麼？如果能將每次修改的情況都記錄下來，當想恢復到修改前的資料時，就會非常方便。手動記錄修改情況很麻煩，可以寫一個事件程序，用批註記錄下修改情況。

在所有程序之前用 Dim 語句定義的變數 RngValue 是模組層級變數，該模組中的所有程序都可以使用它。

```
Dim RngValue As String                '定義一個模組給變數，用於儲存儲存格中的資料
'第一個事件程序，用於記錄被更改前儲存格中保存的資料
Private Sub Worksheet_SelectionChange(ByVal Target As Range)
    If Target.Cells.Count<> 1 Then Exit Sub        '選中多個儲存格時退出程式
    If Target.Formula = "" Then        '根據選中儲存格中保存的資料，確定給變數
RngVaue 指定什麼值
        RngValue = "空"
    Else
        RngValue = Target.Text
    End If
End Sub
```

```
'第二個事件程序，用批註記錄儲存格修改前後的資訊
Private Sub Worksheet_Change(ByVal Target As Range)
    If Target.Cells.Count<> 1 Then Exit Sub
    Dim Cvalue As String              '定義變數保存儲存格修改後的內容
    If Target.Formula = "" Then       '判斷儲存格是否被修改為空儲存格
        Cvalue = "空"
    Else
        Cvalue = Target.Formula
    End If
    If RngValue = Cvalue Then Exit Sub    '如果儲存格修改前後的內容一樣則退出程式
    Dim RngCom As Comment             '定義一個批註類型的變數，名稱為 RngCom
    Dim ComStr As String              '定義變數 ComStr，用來保存批註中的內容
    Set RngCom = Target.Comment       '將被修改儲存格的批註指定給變數 RngCom
    If RngCom Is Nothing Then Target.AddComment   '如果儲存格中沒有批註則新增批註
    ComStr = Target.Comment.Text      '將批註的內容保存到變數 ComStr 中
    '重新修改批註的內容 原批註內容 + 當前日期和時間 + 原內容 + 修改後的新內容
    Target.Comment.Text Text:=ComStr&Chr(10) & _
        Format(Now(), "yyyy-mm-ddhh:mm") & _
        "原內容：" & RngValue & _
        "修改為：" & Cvalue
    Target.Comment.Shape.TextFrame.AutoSize = True '根據批註內容自動調整批註大小
End Sub
```

返回工作表區域，修改任意儲存格中的資料，Excel 就會用該儲存格的批註記錄下每次修改的信息，如圖 5-24 所示。

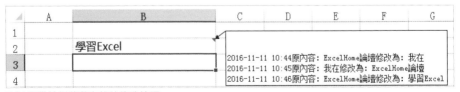

5-24 用批註記錄儲存格的修改情況

▏5-2-8 常用的 Worksheet 事件

Worksheet 物件一共有 17 個事件，可以在「程式碼」視窗的【事件】清單方塊或
VBA 幫助中看到這些事件，如圖 5-25 所示。

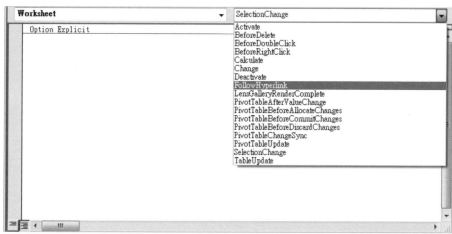

5-25 在【事件】清單方塊中查看 Worksheet 物件的事件

表 5-1 中列出的是最為常用的 10 個工作表事件。

事件名稱	事件說明
Activate	啟動工作表時發生
BeforeDelete	在刪除工作表之前發生
BeforeDoubleClick	按兩下工作表之後，預設按兩下操作之前發生
BeforeRightClick	右擊工作表之後，預設右擊操作之前發生
Calculate	重新計算工作表之後發生
Change	工作表中的儲存格發生更改時發生
Deactivate	工作表由活動工作表變為不活動工作表時發生
FollowHyperlink	按一下工作表中的任意超連結時發生
PivotTableUpdate	在工作表中更新樞紐分析表之後發生
SelectionChange	工作表中所選內容發生更改時發生

5-3 使用活頁簿事件

活頁簿事件是發生在 Workbook 物件中的事件，一個 Workbook 物件代表一個活頁簿，Workbook 物件的事件程序必須寫在 ThisWorkbook 模組中，可以在「專案總管」中找到 ThisWorkbook 模組。

5-3-1 發生在 Workbook 物件中的事件

如圖 5-26 所示，這個模組專門用來存放 Workbook 物件的事件程序，Workbook 物件的事件程序只有保存在這個模組中才能自動執行。

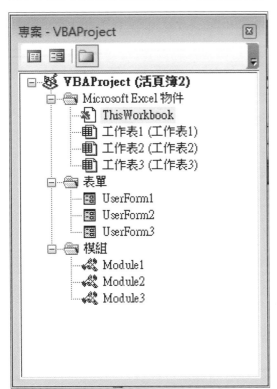

5-26「專案總管」中的 ThisWorkbook 模組

5-3-2 當打開活頁簿的時候發生的事件

在 5-1-3 小節中，我們已經使用過 Workbook 物件的 Open 事件，讓打開活頁簿時，自動顯示當前系統時間，大家還記得嗎？

Open 事件是最常用的 Workbook 事件之一。通常我們會使用該事件對 Excel 進行初始化設定，如設定想打開活頁簿看到的 Excel 視窗或工作介面，顯示我們自己定義的使用者表單等。

5-3-3 在關閉活頁簿之前發生的事件

BeforeClose 事件在關閉活頁簿之前發生，如果想讓 VBA 在關閉活頁簿之前執行某些操作，就可以利用該事件編寫事件程序。例如：

> Cancel 是程序的參數，用來確定是否回應使用者執行的關閉操作。當值為 False 時，執行關閉活頁簿的操作，當值為 True 時，不執行關閉活頁簿的操作。

```
Private Sub Workbook_BeforeClose(Cancel As Boolean)
    If MsgBox(" 你確定要關閉活頁簿嗎？ ", vbYesNo) = vbNo Then
        Cancel = True          ' 如果按一下對話盒中的〔否〕就將 Cancel 設定為 True
    End If
End Sub
```

將這個事件程序寫入 ThisWorkbook 模組中，如圖 5-27 所示。

5-27 在 ThisWorkbook 模組中輸入事件程序

設定完成後，按一下 Excel 介面中的〔關閉〕按鈕，就能看到事件程序自動執行的結果了，如圖 5-28 所示。通常我們會使用 BeforeClose 事件來恢復一些在 Excel 中進行過的操作，如還原修改過的 Excel 介面。

5-28 關閉活頁簿前的提示對話盒

5-3-4 更改任意工作表中儲存格時發生的事件

還記得 Worksheet 物件的 Change 事件吧？在某張工作表中編寫了 Change 的事件程序，當在該工作表中更改任意儲存格後，就會自動執行該事件程序；但並不是更改任意工作表中的儲存格，都會執行該事件程序。

也就是說，如果想更改任意工作表中的儲存格都執行相同的事件程序，就得在每張工作表中都編寫相同的 Change 事件程序，如果使用 SheetChange 事件，就能一勞永逸了。

Workbook 的 SheetChange 事件告訴 VBA，當活頁簿中任意一張工作表的儲存格被更改時，都自動執行該事件編寫的事件程序。打開 VBE，按圖 5-29 所示的操作步驟，在 ThisWorkbook 模組中輸入下面的程式：

```
Private Sub Workbook_SheetChange(ByVal Sh As Object, ByVal Target As
Range)
    MsgBox "你正在更改的是：" & Sh.Name & "工作表中的 " & Target.Address & "儲
存格 "
End Sub
```

5-29 在 thisWorkbook 中輸入事件程序

完成設定後，修改任意工作表中的儲存格，就可以看到程式執行的效果了，如圖 5-30
所示。

5-30 更改工作表中的儲存格後自動執行的程式

5-3-5 常用的 Workbook 事件

Workbook 物件有 40 個事件，表 5-2 中列出的是較為常用的部分事件。

表 5-2 常用的 Workbook 事件

事件名稱	事件說明
Activate	當啟動活頁簿時發生
AddinInstall	當活頁簿作為增益集安裝時發生
AddinUninstall	當活頁簿作為增益集卸載時發生
AfterSave	當儲存活頁簿之後發生
BeforeClose	在關閉活頁簿前發生
BeforePrint	在列印指定活頁簿之前發生
BeforeSave	在儲存活頁簿前發生
Deactivate	在活頁簿從活動狀態轉為非活動狀態時發生
NewChart	在活頁簿中新建一個圖表時發生
NewSheet	在活頁簿中新增工作表時發生
Open	在打開活頁簿時發生
SheetActivate	在啟動任意工作表時發生
SheetBeforeDoubleClick	在按兩下任意工作表時（預設按兩下操作發生之前）發生
SheetBeforeRightClick	在右擊任意工作表時（默認的按右鍵操作之前）發生
SheetCalculate	在重新計算工作表時或在圖表上繪製更改的資料之後發生
SheetChange	當更改了任意工作表中的儲存格時發生
SheetDeactivate	當任意工作表從活動工作表變為不活動工作表時發生
SheetFollowHyperlink	當按一下活頁簿中的任意超連結時發生
SheetPivotTableUpdate	在更新任意樞紐分析表之後發生
SheetSelectionChange	當任意工作表上的選定區域發生更改時發生
WindowActivate	在啟動任意活頁簿視窗時發生
WindowDeactivate	當任意活頁簿視窗由使用中視窗變為不使用中視窗時發生
WindowResize	在調整任意活頁簿視窗的大小時發生

5-4 | 不是事件的事件

除了物件的事件，Application 物件還有兩種方法。它們不是物件的事件，卻擁有事件一樣的本領，可以像事件一樣讓程式自動執行。

5-4-1 Application 物件的 OnKey 方法

OnKey 方法告訴 Excel，當按下鍵盤上指定的鍵或複合鍵時自動執行指定的程式。下面，讓我們一起來看看，怎樣使用 OnKey 方法控制程式執行。

1. 進入 VBE，新插入一個模組，在模組中編寫程序，用 OnKey 方法指定執行程序的組合鍵及要執行的程式，如圖 5-31 所示。

「+e」表示執行程式的複合鍵為〔Shift〕+〔E〕。

```
Sub OkTest()
Application.onkey "+e", "Hello" '當按下〔Shift〕+〔E〕複合鍵時，執行 Hello 程序
End Sub
```

「Hello」是按下快速鍵後要執行的程序名稱。

5-31 用 OnKey 方法編寫程序

2. 把需要自動執行的程式碼全部寫為 Sub 程序「Hello」，並儲存在模組中，如圖 5-32
所示。

5-32 要用 OnKey 方法執行的程式

```
Sub Hello()
    MsgBox "你好，我在學習 OnKey 方法！"
End Sub
```

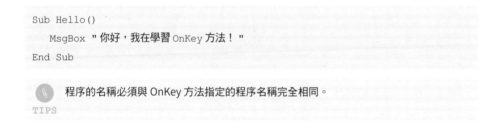

程序的名稱必須與 OnKey 方法指定的程序名稱完全相同。

TIPS

3. 執行程序 OkTest（使用 OnKey 方法的程序），當我們按〔Shift〕+〔E〕複合鍵後，
指定的程序「Hello」就自動執行了，如圖 5-33 所示。

5-33 按〔Shift〕+〔E〕複合鍵自動執行程式後顯
示的對話盒

可以根據自己的需求，使用 OnKey 方法，給程式設定不同的按鍵組合作為執行程序的快捷鍵，可以在 OnKey 方法中設定的按鍵及各按鍵對應的程式碼如表 5-3 所示。

表 5-3 可以在 OnKey 方法中設定的按鍵及其對應程式碼

要使用的按鍵	應設定的程式碼
Backspace	{BACKSPACE} 或 {BS}
Break	{BREAK}
Caps Lock	{CAPSLOCK}
Delete 或 Del	{DELETE} 或 {DEL}
向下箭頭	{DOWN}
End	{END}
Enter（數位小鍵盤）	{ENTER}
Enter	~（波形符）
Esc	{ESCAPE} 或 {ESC}
Home	{HOME}
Ins	{INSERT}
向左箭頭	{LEFT}
Num Lock	{NUMLOCK}
PageDown	{PGDN}
PageUp	{PGUP}
向右箭頭	{RIGHT}
Scroll Lock	{SCROLLLOCK}
Tab	{TAB}
向上箭頭	{UP}
F1 到 F15	{F1} 到 {F15}

如果想讓按下〔←〕時執行程序「Hello」，應將程式碼設定為：

```
Application.onkey "{LEFT}", "Hello"
```

如果需要使用〔Shift〕、〔Ctrl〕或〔Alt〕鍵與其他鍵組合來執行程序，還應在按鍵程式碼前加上相應的符號，如表 5-4 所示。

表 5-4 使用複合鍵時應添加的符號

要組合的鍵	在鍵程式碼前添加的符號
Shift	+
Ctrl	^
Alt	%

如果想讓按下〔Ctrl〕+〔F1〕複合鍵時執行指定的程序「Hello」，應將程式碼設定為：

```
Application.onkey "^{F1}", "Hello"
```

使用 OnKey 方法，實際就是給程序設定一個執行的快速鍵。給程序設定執行的快速鍵，大家還記得可以使用什麼方法嗎？

這種方法，在學習錄製巨集時我們就接觸過了。

如果沒有特殊需求，在「巨集選項」對話盒中設定快速鍵來執行巨集，要比使用 OnKey 方法更為簡單快捷，如圖 5-34 所示。

5-34 在「巨集選項」對話盒中設定執行程式的快速鍵

有一點需要注意，使用 OnKey 方法設定的快速鍵，並不只是在程式碼所在的活頁簿中有效，在所有打開的活頁簿中都是有效的。為了不造成其他使用障礙，當不需要使用 OnKey 方法設定的快速鍵後，應將設定的快速鍵取消。

通常的做法是在關閉程式碼所在活頁簿前，透過 BeforeClose 事件來設定，要取消快速鍵，可以使用與設定快速鍵相同的語句，只要不設定第 2 參數的程序名稱即可，例如：

```
Application.onkey "+e"                '取消〔Shift〕+〔E〕快速鍵的作用
```

5-4-2 Application 物件的 OnTime 方法

OnTime 方法告訴 VBA，在指定的時間自動執行指定的程序（可以是指定的某個時間，也可以是指定的一段時間之後）。

下面我們就借助 OnTime 方法，讓 Excel 每天中午 12:00 自動執行指定的程序。

1. 進入 VBE，新插入一個模組，在其中編寫程序，使用 OnTime 方法設定執行程序的時間及要執行的程序名，如圖 5-35 所示。

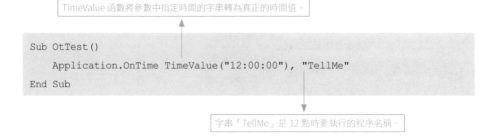

TimeValue 函數將參數中指定時間的字串轉為真正的時間值。

```
Sub OtTest()
    Application.OnTime TimeValue("12:00:00"), "TellMe"
End Sub
```

字串「TellMe」是 12 點時要執行的程序名稱。

5-35 用 OnTime 方法設定執行程序的時間及要執行的程序名稱

2. 在模組中編寫程序「TellMe」，在程序中設定好要執行的操作或計算，如圖 5-36 所示。

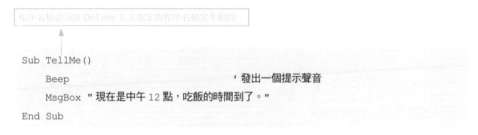

程序名稱必須與 OnTime 方法指定的程序名稱完全相同

```
Sub TellMe()
    Beep                                '發出一個提示聲音
    MsgBox "現在是中午 12 點，吃飯的時間到了。"
End Sub
```

5-36 編寫 12 點時要執行的程序

3. 設定完成後，執行行 OtTest 程序，等到中午 12 點，Excel 就會自動執行 TellMe 程序，顯示如圖 5-37 所示的對話盒。

如果想在 20 分鐘之後執行程式，程式碼可以修改為：

> Now 函數傳回目前的系統時間，TimeValue 傳回 20 分鐘對應的時間值，兩者之和即為系統時間 20 分鐘之後的時間。

```
Application.OnTime Now() + TimeValue("00:20:00"), "TellMe"
```

5-37 自動執行程序跳出的對話盒

還可以指定要執行程序的日期，例如：

```
Application.OnTime DateSerial(2016, 12, 25) + TimeValue("12:00:00"), "TellMe"
```

> DateSerial 函數傳回參數指定的年月日對應的日期值，功能類似工作表中的 Date 函數。該語句指定執行程序的時間為 2016 年 12 月 25 日的中午 12 點。

TIPS 跟 OnKey 方法一樣，如果在一個活頁簿中透過 OnTime 方法設定好執行程式的時間，該設定不會因為關閉活頁簿而自動失效。如果不想再使用一個已有的設定，需要透過 OnTime 方法的第 4 個參數撤銷它，如：

```
Application.OnTime TimeValue("17:00:00"), "MySub"        '設定 17:00 時自動執行
程序 MySub
```

```
Application.OnTime TimeValue("17:00:00"), "MySub", , False        '撤銷一個已
有的設定
```

這是省略參數名稱的寫法，如果加上參數名稱，程式碼為：

```
' 撤銷一個已有的設定
Application.OnTime EarliestTime:=TimeValue("17:00:00"),
Procedure:="MySub",
    Schedule:=False
```

如果參數 Schedule 的值為 True，則新設定一個 OnTime 程序。如果參數 Schedule 的值為 False，則清除先前設定的程序。角設值為 True。

5-4-3 讓檔案每隔 5 分鐘自動保存一次

要避免因意外發生而沒有保存修改，最好的辦法就是讓 Excel 每隔一段時間就自動保存一次正在使用的活頁簿，使用 OnTime 方法就可以解決這一問題。

1. 新增一個模組，在模組中使用 OnTime 方法編寫程序，設定要執行的程式碼，及執行程式碼的時間，如圖 5-38 所示。

```
Sub Otime()
    '5 分鐘後自動執行 WbSave 程序
    Application.OnTime Now() + TimeValue("00:05:00"), "WbSave"
End Sub


Sub WbSave()
    ThisWorkbook.Save            ' 儲存程式碼所在的活頁簿
    Call Otime                   ' 再次執行 Otime 程序，設定再次執行程式的時間
End Sub
```

5-38 在模組中輸入的程序

2. 為了省去手動執行 OnTime 方法所在的程序，在 ThisWorkbook 模組中使用 Open 事件編寫程序，讓打開活頁簿時自動執行 OnTime 方法編寫的程式，如圖 5-39 所示。

```
Private Sub Workbook_Open()
    Call Otime
End Sub
```

5-39 在 ThisWorkbook 模組中輸入程式

設定完成後，儲存修改，關閉並重新打開活頁簿，就可以放心使用，而不用擔心意外斷電了，Excel 會每隔 5 分種自動執行一次儲存活頁簿的程式。

Chapter 6
設計自訂的操作介面

早期的電腦系統都沒有圖形介面，使用者只能使用命令列方式輸入各種指令，然而在今天，因為有了像 Windows 這樣的視覺化作業系統讓大部分人都能熟練地使用電腦。是不是也有一個願望，為自己的程式設計一個視覺化的操作介面，讓別人能透過滑鼠控制程式執行？那就讓我們一起來看看如何在 Excel 中，設計自己的操作介面吧。

6-1 | 需要用什麼來設計操作介面

　　一個合理的程式，總是會有一個或多個可供操作的介面。這些介面不僅能提供便利的操作，也能直觀地呈現程式的功能，讓程式顯得直覺專業。那要設計一個專業又實用的介面需要哪些元素呢？讓我們繼續看下去吧。

6-1-1 為什麼要替程式設計操作介面

程式的操作介面，就像電視機的遙控器，是我們控制程式、與程式互動的視窗。試想一下，如果沒有圖 6-1 所示的對話盒，讓我們用一串程式碼去調整 Excel 工作表的邊界，那該有多麻煩。

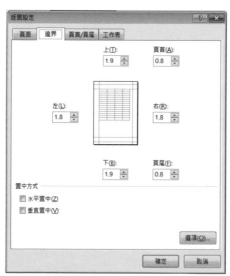

6-1【版面設定】對話盒

設計操作介面，就是根據需求，在工作表或使用者表單中有目的地新增控制項，使它們能有效地接收使用者的各種指令。所以在開始設計使用者介面前，有必要先認識 Excel 中的控制項。

6-1-2 操作介面不可缺少的控制項

Excel 中有兩種類型的控制項：表單控制項和 ActiveX 控制項。可以在 Excel 的「工具列」中找到它們，如圖 6-2 所示。

6-2 Excel 中的兩種控制項

兩種控制項的外觀雖然類似，但功能和特性卻不相同。

1．表單控制項

在「工具列」的〔開發人員〕活頁標籤中可以看到 12 個表單控制項，其中有 9 個可以在工作表中使用，如圖 6-3 所示。

6-3 可以在工作表中使用的表單控制項

圖 6-3 中可以在工作表中使用的 9 個表單控制項的詳細情況如表 6-1 所示。

表 6-1 可以在工作表中使用的表單控制項說明

序號	控制項名稱	控制項說明
1	按鈕	用於執行巨集命令
2	下拉式方塊	提供可選擇的多個選項，使用者可以選擇其中的一個項目
3	核取方塊	用於選擇的控制項，可以多項選擇
4	微調按鈕	透過按一下控制項的箭頭來選擇數值
5	清單方塊	顯示多個選項的清單，使用者可以從中選擇一個選項
6	選項按鈕	用於選擇的控制項，通常幾個選項按鈕用下拉式方塊組合在一起使用，在一組中只能同時選擇一個選項按鈕
7	群組方塊	用於組合其他多個控制項
8	標籤	用於輸入和顯示靜態文字
9	捲軸	包括水平捲軸和垂直捲軸

2．ActiveX 控制項

預設情況下，可以在「工具列」的〔開發人員〕活頁標籤中看到 11 種可用的 ActiveX
控制項，如圖 6-4 所示。

6-4「工具列」中可以看到的 ActiveX 控制項

但能在工作表中使用的 ActiveX 控制項不止這些，可以按一下其中的〔其他控制項〕
按鈕，在彈出的對話盒中選擇使用其他控制項，如圖 6-5 所示。

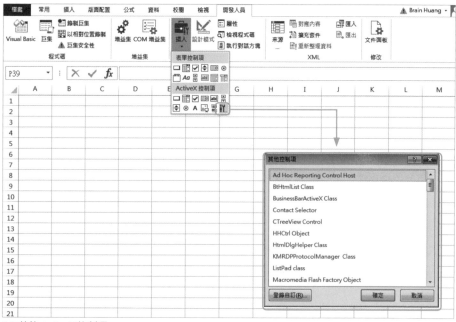

6-5 其他 ActiveX 控制項

6-1-3 在工作表中使用表單控制項

下面我們就以在工作表中新增和使用下拉式方塊控制項為例，示範如何在工作表中使用表單控制項。

1‧新增一個下拉式方塊控制項

表單控制項可以直接在工作表中使用。要新增下拉式方塊控制項，就在表單控制項列表中選擇下拉式列示方塊控制項，按住滑鼠左鍵，拖動滑鼠在工作表中進行繪製，如圖 6-6 所示。

6-6 在工作表中新增下拉式方塊控制項

2‧設定下拉式方塊控制項的格式

要想使用已經新增到工作表中的表單控制項，還得對其進行設定。

1. 用滑鼠右鍵按它，在右鍵功能表中選擇【設定控制項格式】命令，調出【控制項格式】對話盒，如圖 6-7 所示。

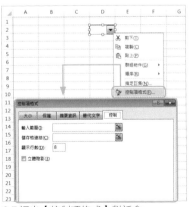

6-7 調出【控制項格式】對話盒

2. 在對話盒的〔控制〕活頁標籤中對控制項進行設定，如圖 6-8 所示。

6-8 設定下拉式方塊控制項

3・使用下拉式方塊控制項

以上操作，設定了下拉式方塊控制項的資料來源，連結的儲存格及在下拉式功能表中顯示的行數，設定完成後，就可以在工作表中使用它了。

用滑鼠左鍵按一下控制項外的任意一個儲存格，退出控制項的編輯模式，就可以開始使用下拉式方塊控制項輸入資料了，如圖 6-9 所示。

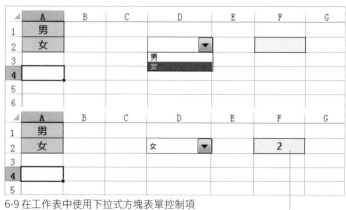

6-9 在工作表中使用下拉式方塊表單控制項

「女」是資料來源區域 $A$1:$A$2 中的第 2 個，所以控制項連結的儲存格中的值為 2。

6-1-4 在工作表中使用 ActiveX 控制項

1.在工作表中新增選項按鈕

在工作表中新增 ActiveX 控制項的方法與新增表單控制項的方法相同，只要在「工具列」中選取相對應的控制項，即可使用滑鼠在工作表中繪製。圖 6-10 呈現了在工作表中新增選項按鈕的操作步驟。

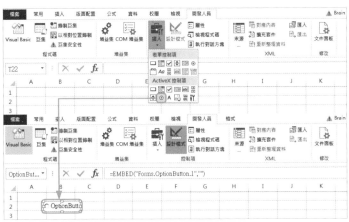

6-10 新增選項按鈕

2.設定選項按鈕的格式

與表單控制項不同，要設定 ActiveX 控制項，應在「屬性」對話盒中進行，在控制項處於可編輯狀態時，按一下「工具列」的〔開發人員〕選項中的〔屬性〕按鈕，即可叫出「屬性」對話盒，如圖 6-11 所示。

6-11 叫出「屬性」對話盒

「屬性」對話盒中列出了該控制項的各種屬性，修改它們，可以對控制項進行各種設定，包括設定控制項的名稱，更改控制項的外觀樣式等，如圖 6-12 所示。

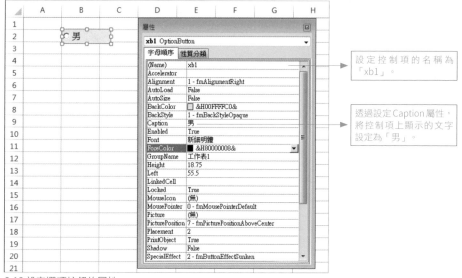

6-12 設定選項按鈕的屬性

用同樣的方法再繪製一個標籤為「女」，名稱為「xb2」的選項按鈕，如圖 6-13 所示。

6-13 新增的選項按鈕

3・編寫程式為控制項設定功能

ActiveX 控制項與表單控制項不同，在使用前，需要我們針對控制項的用途編寫相應的程式碼來指定控制項要完成的任務。如果想知道用戶選擇的是「男」還是「女」，就要分別給這兩個控制項編寫相應功能的程式碼。

想為「xb1」控制項（顯示為「男」的控制項）新增程式碼，首先得叫出該控制項所在模組的「程式碼」視窗，如圖 6-14 所示。

> 「xb1」是控制項的名稱（控制項也是物件），「Click」是事件名稱，「xb1_Click」告訴 VBA：當按一下控制項「xb1」的時候執行該事件程序。

```
Private Sub xb1_Click()


End Sub
```

> 也可以直接按兩下該控制項開啟「程式碼」視窗。

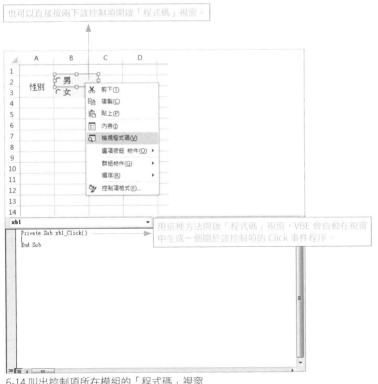

6-14 叫出控制項所在模組的「程式碼」視窗

在開啟的「程式碼」視窗中編寫事件程序，給控制項指定功能：

```
Private Sub xb1_Click()
    If xb1.Value = True Then      '如果控制項 xb1 已選取則執行 If 與 End If 之間的程式碼
        Range("D2").Value = "男 "  ' 在 D2 儲存格裡輸入「男」
        xb2.Value = False          '更改控制項 xb2 為未選取狀態
    End If
End Sub
```

用同樣的方法為控制項「xb2」編寫事件程序：

```
Private Sub xb2_Click()
    If xb2.Value = True Then      '如果控制項 xb2 被選取則執行 If 與 End If 之間的程式碼
        Range("D2").Value = "女 "  ' 在 D2 儲存格裡輸入「女」
        xb1.Value = False          '更改控制項 xb1 為未選取狀態
    End If
End Sub
```

結果如圖 6-15 所示。

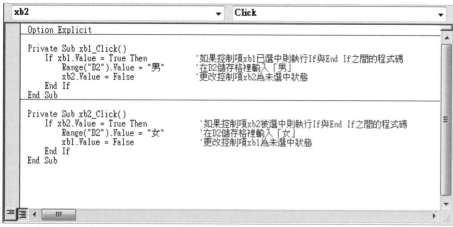

6-15 為控制項新增的程式碼

4．在工作表中使用選項按鈕控制項

程式碼編寫完成後，傳回工作表區域，依次按一下「工具列」中的〔開發人員〕→〔設計模式〕按鈕，使其切換為非高亮狀態以退出設計模式，就可以使用控制項了，如圖6-16所示。

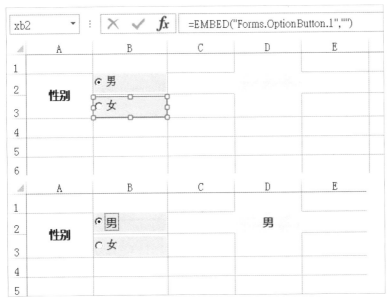

6-16 在工作表中使用選項按鈕控制項

▎6-1-5 表單控制項和 ActiveX 控制項的區別

表單控制項和 ActiveX 控制項雖然都可以在工作表中使用，但它們之間區別很大。

表單控制項的用法比較單一，只能在工作表中透過設定控制項的格式或指定巨集來使用，而 ActiveX 控制項擁有很多屬性和事件，不但可以在工作表中使用，還可以在使用者表單中使用。如果只是以編輯資料為目的，使用表單控制項也許就可以了，但是如果在編輯資料的同時還要進行其他操作，使用 ActiveX 控制項會靈活得多。

事實上，為自己的程式設計操作介面，多數時候我們都是在使用 ActiveX 控制項。它們之間的區別，也許現在大家還不是很清楚，但隨著後面的學習和使用，大家慢慢就會明白了。

6-2 │ 不需設定，使用現成的對話盒

對話盒是我們和程式「溝通」，用來傳遞資訊的工具。但我們並不需要親自去設計程式所需的每一個對話盒，因為 VBA 已經提供了多種現成的對話盒，可供我們選擇使用。

6-2-1 用 InputBox 函數新增可輸入資料的對話盒

如果程式在執行過程中，需要我們借助對話盒輸入資料，就可以使用 InputBox 函數來新增這樣的對話盒，例如：

```
Sub InBox()
    Dim c As Variant                    '定義一個變數，用來儲存使用者輸入的資料
    c = InputBox("你要在 A1 儲存格中輸入什麼內容？")  '將在對話盒中輸入的資料儲存在變
數 c 中
    Range("A1").Value = c               '將變數 c 中儲存的資料寫入 A1 儲存格
End Sub
```

執行這個程式後的結果如圖 6-17 所示。

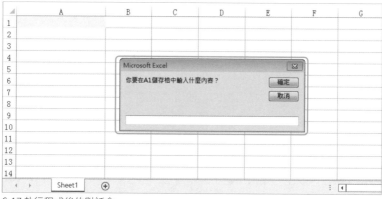

6-17 執行程式後的對話盒

根據提示，在對話盒中輸入資料，按一下其中的〔確定〕按鈕後，該資料就被寫入活動工作表的 A1 儲存格中了，如圖 6-18 所示。

6-18 使用對話盒輸入資料

InputBox 函數不只一個參數，可以透過這些參數來設定對話盒的標題、預設的輸入內容、在桌面視窗中顯示的位置等，例如：

```
Sub InBox()
    Dim c As Variant                      '定義一個變數，用來儲存使用者輸入的
資料
    '將在對話盒中輸入的資料儲存在變數 c 中
    c = InputBox(prompt:= "你要在 A1 儲存格中輸入什麼內容？", Title:= "提示",
        Default:= "寶寶", xpos:=2000, ypos:=2500)
    Range("A1").Value = c                 '將變數 c 中儲存的資料寫入 A1 儲存格
End Sub
```

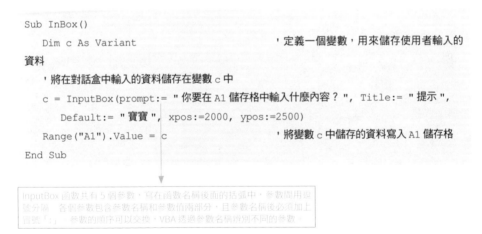

InputBox 函數共有 5 個參數，寫在函數名稱後面的括弧中。參數間用逗號分隔，各個參數包含參數名稱和參數值兩部分，且參數名稱後必須加上冒號「：」。參數的順序可以交換，VBA 透過參數名稱辨別不同的參數。

InputBox 函數共有 5 個參數：prompt 用於設定在對話盒中顯示的提示資訊，Title 用於設定對話盒的標題，Default 是對話盒中預設的輸入值，xpos 用於設定對話盒左端與螢幕左端的距離，ypos 是對話盒的頂端與螢幕頂端的距離，如圖 6-19 所示。

6-19 InputBox 函數各參數的作用

在使用 InputBox 函數時，各個參數的參數名稱都可以省略，如：

```
c = InputBox(" 你要在 A1 儲存格中輸入什麼內容？ ", " 提示 ", " 寶寶 ", 2000, 2500)
```

> 如果省略參數名稱，VBA 透過參數的位置辨別不同的參數。所以各參數必須按 prompt、Title、Default、xpos、ypos 的順序輸入，不同參數間用逗號分隔，順序不能亂。

除了 prompt 參數，InputBox 函數的其他參數都可以省略，但如果參數未寫參數名稱，中間省略的參數必須用英文逗號空出來，例如：

```
c = InputBox (prompt:= " 你要在 A1 儲存格中輸入什麼內容？:", Default:= " 葉楓 ")
```

這行程式碼如果要省略 InputBox 函數參數的名稱，應將程式碼寫為：

```
c = InputBox (" 你要在 A1 儲存格中輸入什麼內容？ ",,, " 葉楓 ")
```

> 這裡有兩個逗號，說明省略了一個參數，VBA 知道「寶寶」是函數的第 3 個參數 Default。

6-2-2 用 InputBox 方法新增交互對話盒

用 Application 物件的 InputBox 方法也可以新增與程式互動的對話盒,例如:

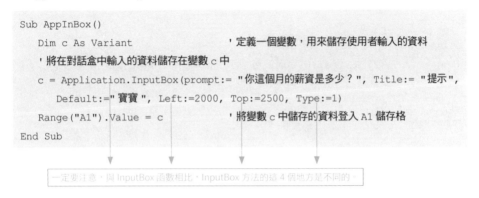

```
Sub AppInBox()
    Dim c As Variant            '定義一個變數,用來儲存使用者輸入的資料
    '將在對話盒中輸入的資料儲存在變數 c 中
    c = Application.InputBox(prompt:= "你這個月的薪資是多少?", Title:= "提示",
        Default:="寶寶 ", Left:=2000, Top:=2500, Type:=1)
    Range("A1").Value = c        '將變數 c 中儲存的資料登入 A1 儲存格
End Sub
```

一定要注意,與 InputBox 函數相比,InputBox 方法的這 4 個地方是不同的。

1. InputBox 函數和 InputBox 方法的參數區別

InputBox 方法比 InputBox 函數多了一個 Type 參數。

在其他參數中,除了 Left 與 Top 參數,InputBox 方法的其他參數與 InputBox 函數的參數功能及作用相同。Left 和 Top 參數指定對話盒在 Excel 視窗中的位置,而 InputBox 函數的 xpos 與 ypos 參數分別用於指定對話盒在整個螢幕視窗中的位置。

我們可以在 VBA 線上說明或輸入程式碼的「程式碼」視窗中看到它們之間參數的區別,如圖 6-20 所示。

InputBox 函數只能傳回 String 類型的資料。

InputBox 函數

```
Str=InputBox(
    InputBox(Prompt, [Title], [Default], [XPos], [YPos], [HelpFile], [Context]) As String
```

InputBox 方法

InputBox 方法多一個 Type 參數,傳回資料的類型不確定。

```
Str=Application.InputBox(
    InputBox(Prompt As String, [Title], [Default], [Left], [Top], [HelpFile], [HelpContextID], [Type])
```

6-20 在【程式碼窗口】中查看參數

InputBox 函數只能傳回一個 String 型的字串,而 InputBox 方法傳回的資料類型不確定,而且 InputBox 方法比 InputBox 函數多一個 Type 參數,這是它們之間最主要的區別。

2.InputBox 方法的 Type 參數有什麼作用

InputBox 方法透過 Type 參數指定傳回結果的資料類型,參數的可設定項如表 6-2 所示。

表 6-2 InputBox 方法 Type 參數的可設定項及說明

可設定的參數值	方法傳回結果的類型
0	公式
1	數字
2	文字(字串)
4	邏輯值(True 或 False)
8	儲存格引用(Range 對象)
16	錯誤值,如 #N/A
64	數值陣列

如果想讓 InputBox 方法傳回的是一個 Range 物件,就應將它的 Type 設定為數值「8」。下面的程序讓使用者選擇一個儲存格區域,然後在儲存格區域輸入數值「100」。

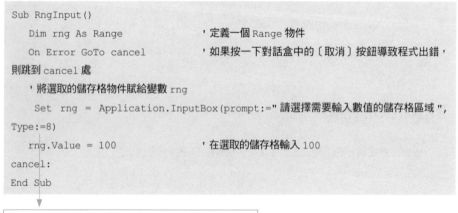

```
Sub RngInput()
    Dim rng As Range                    '定義一個 Range 物件
    On Error GoTo cancel                '如果按一下對話盒中的〔取消〕按鈕導致程式出錯,
則跳到 cancel 處
    '將選取的儲存格物件賦給變數 rng
    Set rng = Application.InputBox(prompt:="請選擇需要輸入數值的儲存格區域 ",
Type:=8)
    rng.Value = 100                     '在選取的儲存格輸入 100
cancel:
End Sub
```

8 告訴 VBA,InputBox 方法傳回的是一個 Range 類型的物件。

執行這個程序後的結果如圖 6-21 所示。

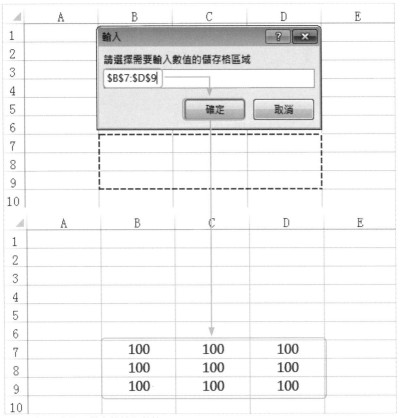

6-21 利用滑鼠選取儲存格輸入數值

如果想讓 InputBox 方法的傳回值為多種類型中的一種，就將參數設為相應參數值的和：

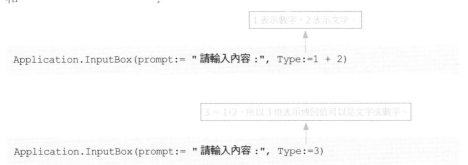

6-2-3 用 MsgBox 函數新增輸出對話盒

1 . 定義對話盒中顯示的資訊

使用 MsgBox 函數，可以新增一個輸出對話盒，用來告訴我們執行程式的某些資訊，
只有當我們按一下對話盒中的某個按鈕後才繼續執行程式。例如：

```
Sub msg()
  MsgBox prompt:= "你正在閱讀的是 Excel VBA 的圖書！", Buttons:=vbOKOnly +
    vbInformation, Title:= "提示"
End Sub
```

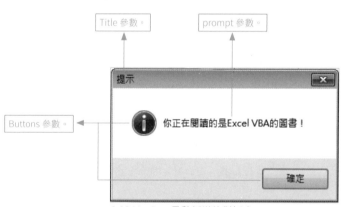

6-22 MsgBox 函數新增的對話盒

2．設定在對話盒中顯示的按鈕樣式

修改 Buttons 參數的設定，可以修改在對話盒中顯示的按鈕樣式。MsgBox 函數一共有 6 種不同的按鈕設定，參數設定如表 6-3 所示。

表 6-3 MsgBox 函數的 6 種按鈕設定

常數	值	說明
vbOkonly	0	只顯示〔確定〕按鈕
vbOkCancel	1	顯示〔確定〕和〔取消〕兩個按鈕
vbAbortRetryIgnore	2	顯示〔中止〕、〔重試〕和〔忽略〕3 個按鈕
vbYesNoCancel	3	顯示〔是〕、〔否〕和〔取消〕3 個按鈕
vbYesNo	4	顯示〔是〕和〔否〕兩個按鈕
vbRetryCancel	5	顯示〔重試〕和〔取消〕兩個按鈕

> 如表 6-3 所示，vbOKCancel 對應的值為數值 1，所以還可以將參數設定為 Buttons:=1。參數值可以設定為常數，也可以設定為值。

設定的程式碼為：

```
Sub msgbut()
    MsgBox prompt:= "只顯示〔確定〕按鈕", Buttons:=vbOKOnly
    MsgBox prompt:= "顯示〔確定〕和〔取消〕按鈕", Buttons:=vbOKCancel
    MsgBox prompt:= "顯示〔中止〕、〔重試〕和〔略過〕按鈕",
Buttons:=vbAbortRetryIgnore
    MsgBox prompt:= "顯示〔是〕、〔否〕和〔取消〕按鈕", Buttons:=vbYesNoCancel
    MsgBox prompt:= "顯示〔是〕和〔否〕按鈕", Buttons:=vbYesNo
    MsgBox prompt:= "顯示〔重試〕和〔取消〕按鈕", Buttons:=vbRetryCancel
End Sub
```

各種不同按鈕樣式的對話盒如圖 6-23 所示，大家可以根據自己的需求選擇使用。

6-23 MsgBox 函數 6 種不同的按鈕樣式

3‧設定對話盒中顯示的圖示

除了按鈕，還可以透過 Buttons 參數設定在對話盒中顯示圖示，如圖 6-24 所示。

6-24 對話盒中的圖示

MsgBox 函數一共可以設定 4 種圖示樣式，不同的圖示樣式如圖 6-25 所示。

6-25 不同的圖示樣式

不同圖示的參數設定如表 6-4 所示。

表 6-4 MsgBox 函數的 4 種圖示樣式

常數	值	說明
vbCritical	16	顯示【關鍵資訊】圖示
vbQuestion	32	顯示【警告詢問】圖示
vbExclamation	48	顯示【警告資訊】圖示
vbInformation	64	顯示【通知訊息】圖示

具體設定的程式碼為：

> vbCritical 對應的值是 16，所以也可以
> 將程式碼中的 vbCritical 替換為 16，使
> 用數值來設定 Buttons 參數。

```
Sub msgbut()
    MsgBox prompt:= "顯示【關鍵資訊】圖示", Buttons:=vbCritical
    MsgBox prompt:= "顯示【警告詢問】圖示", Buttons:=vbQuestion
    MsgBox prompt:= "顯示【警告資訊】圖示", Buttons:=vbExclamation
    MsgBox prompt:= "顯示【通知訊息】圖示", Buttons:=vbInformation
End Sub
```

4.同時設定對話盒中的按鈕和圖示

想同時定義對話盒中顯示的按鈕和圖示，可以將 Buttons 參數設定為用加號「+」連接的兩個常數或值，例如：

> vbYesNo 對應的值是 4，vbQuestion 對應
> 的值是 32，所以還可以把 Buttons 的參
> 數值設定為 4+32 或它們相加的結果 36。

```
MsgBox prompt:= "ExcelHome 是 你 最 喜 歡 的 論 壇 嗎？", Buttons:= vbYesNo +
vbQuestion
```

執行這行程式碼後，顯示的對話盒如圖 6-26 所示。

6-26 同時設定對話盒中的按鈕和圖示

5‧設定對話盒中的預設按鈕

預設按鈕，就是在預設情況下，按〔Enter〕鍵而不需按一下滑鼠即可執行的按鈕。
想指定對話盒中的某個按鈕為預設按鈕，則需要設定 MsgBox 函數的 Buttons 參數來
指定，例如：

```
MsgBox prompt:= "ExcelHome 是 你 最 喜 歡 的 論 壇 嗎？ ", Buttons:=vbYesNo +
vbQuestion + vbDefaultButton2
```

設定對話盒中的第 2 個按鈕為預設按鈕

設定不同按鈕為預設按鈕的參數如表 6-5 所示。

表 6-5 設定預設按鈕的參數

常數	值	說明
vbDefaultButton1	0	第 1 個按鈕為預設按鈕
vbDefaultButton2	256	第 2 個按鈕為預設按鈕
vbDefaultButton3	512	第 3 個按鈕為預設按鈕
vbDefaultButton4	768	第 4 個按鈕為預設按鈕

6‧指定對話盒的類型

Buttons 參數還有第 4 種設定值，用來指定對話盒的類型，詳情如表 6-6 所示。

表 6-6 設定對話盒類型的參數

常數	值	說明
vbApplicationModal	0	應用程式強制返回；應用程式暫停執行，直到使用者對訊息方塊做出回應才繼續
vbSystemModal	4096	系統強制返回；全部應用程式都暫停執行，直到用戶對訊息方塊做出回應才繼續工作

7 · Buttons 參數的其他設定

除了前面介紹的 4 種設定值，Buttons 參數還可以設定為表 6-7 所示的值。

表 6-7 Buttons 參數的其他設定

常數	值	說明
vbMsgBoxHelpButton	16384	在對話盒中新增〔說明〕按鈕
VbMsgBoxSetForeground	65536	設定顯示的對話盒視窗為前景視窗
vbMsgBoxRight	524288	設定對話盒中顯示的文字（prompt 參數）為右對齊
vbMsgBoxRtlReading	1048576	指定文字應在希伯來文和阿拉伯文系統中顯示為從右到左閱讀

 MsgBox 函數還有 helpfile 和 context 兩個可選參數，用來設定對話盒的說明檔案和說明
TIPS 主題，大家可以結合說明中的介紹來學習使用它們。

8 · MsgBox 函數的傳回值

函數都有傳回值，MsgBox 函數也不例外。MsgBox 函數根據我們在對話盒中按下的
按鈕，來確定自己的傳回值。使用者按下的按鈕不同，函數的傳回值也不相同，各個
按鈕及其對應的傳回值如表 6-8 所示。

表 6-8 MsgBox 函數的傳回值

常數	值	說明
vbOK	1	按一下〔確定〕按鈕時
vbCancel	2	按一下〔取消〕按鈕時
vbAbort	3	按一下〔中止〕按鈕時
vbRetry	4	按一下〔重試〕按鈕時
vbIgnore	5	按一下〔略過〕按鈕時
vbYes	6	按一下〔是〕按鈕時
vbNo	7	按一下〔否〕按鈕時

因為按下的按鈕不同，函數傳回的值也不同。所以，我們可以透過函數傳回的值，判斷用戶按下了對話盒中的哪個按鈕，從而選擇下一步要執行的操作或計算，例如：

> 當需要將 MsgBox 函數的傳回值指定給變數時，參數必須寫在括弧中，否則不能加括弧

```
Sub msgbut()
    Dim yn As Integer  ' 將 MsgBox 函數的傳回值儲存在變數 yn 中
    yn = MsgBox (prompt:= " 你確定要在 A1 儲存格輸入今天的日期嗎？",
        Buttons:=vbYesNo + vbQuestion)
    If yn = vbYesThen            ' 判斷使用者是否按一下了按鈕〔是〕
        Range("A1").Value = Date
    End If
End Sub
```

> 如果使用者按一下對話盒中的按鈕〔是〕，MsgBox 函數傳回值為 vbYes，vbYes 對應的值為 6, 所以也可以將程式碼中的 vbYes 改為數值 6。

6-2-4 用 FindFile 方法顯示「開啟」對話盒

使用 Application 物件的 FindFile 方法可以顯示「開啟」對話盒，在對話盒中選擇並開啟某個文件。例如：

> 如果成功開啟一個檔案，FindFile 方法的傳回值為 True，如果按一下對話盒中的〔取消〕按鈕，傳回值為 False。

```
Sub OpenFile()
    If Application.FindFile = True Then  ' 判斷是否成功開啟了選擇的檔案
        MsgBox " 你選擇的檔案已開啟。"
    Else
        MsgBox " 你按一下了〔取消〕按鈕，操作沒有完成。"
    End If
End Sub
```

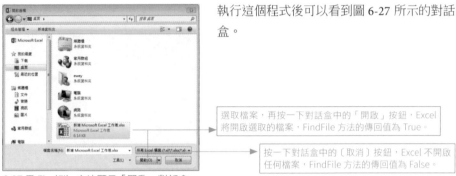

執行這個程式後可以看到圖 6-27 所示的對話盒。

> 選取檔案，再按一下對話盒中的「開啟」按鈕，Excel 將開啟選取的檔案，FindFile 方法的傳回值為 True。

> 按一下對話盒中的〔取消〕按鈕，Excel 不開啟任何檔案，FindFile 方法的傳回值為 False。

6-27 用 FindFile 方法顯示「開啟」對話盒

6-2-5 用 GetOpenFilename 方法顯示「開啟」對話盒

用 Application 物件的 GetOpenFilename 方法也可以顯示「開啟」對話盒。雖然同樣能顯示「開啟」對話盒，但 GetOpenFilename 方法與 FindFile 方法執行的操作完全不同。FindFile 方法是開啟在對話盒中選取的檔案，而 GetOpenFilename 方法是取得在對話盒中選取的檔的檔案名稱（包含路徑）。

如果希望在程式執行的過程中，手動選擇檔案，再根據檔路徑及名稱進行其他操作，使用 GetOpenFilename 方法就非常合適。

1‧讓對話盒中顯示所有類型的檔案

如果不在 GetOpenFilename 方法設定任何參數，那在顯示的「開啟」對話盒中，將顯示所有類型的檔案，例如：

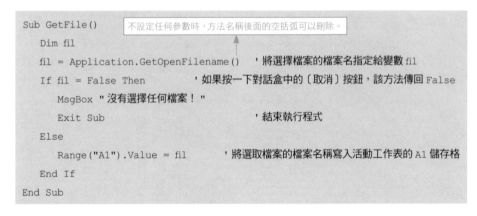

```
Sub GetFile()          不設定任何參數時，方法名稱後面的空括弧可以刪除。
    Dim fil
    fil = Application.GetOpenFilename()   '將選擇檔案的檔案名指定給變數 fil
    If fil = False Then          '如果按一下對話盒中的〔取消〕按鈕，該方法傳回 False
        MsgBox "沒有選擇任何檔案！"
        Exit Sub                 '結束執行程式
    Else
        Range("A1").Value = fil      '將選取檔案的檔案名稱寫入活動工作表的 A1 儲存格
    End If
End Sub
```

執行這個程式的結果如圖 6-28 所示。

6-28 在「開啟」對話盒中顯示所有類型的檔案

2．只在對話盒中顯示某種類型的檔案

如果只想在對話盒中顯示某種指定類型，如「.JPG」檔案，可以透過 FileFilter 參數指定，例如：

```
fil = Application.GetOpenFilename(filefilter:= " 圖片檔 , *.JPG")
```

filefilter 參數的值是一個字串，該字串中逗號前的「圖片檔」是篩選條件，用來說明檔案類型的文字，逗號後的「*.JPG」用來限定對話盒中顯示的檔案類型。

執行這行程式碼後，可以看到圖 6-29 所示的對話盒。

6-29 只在對話盒中顯示某種類型的檔案

限制可顯示的檔案類型後，對話盒中將只顯示該類型的檔，對話盒的【檔案類型】下
拉清單中也只顯示指定的檔類別，如圖 6-30 所示。

6-30【檔案類型】下拉清單中的可選項目

如果想更改對話盒中顯示的檔案類型，就更改 FileFilter 參數中指定檔案類型的字串
部分，如想顯示副檔名為「.xlsm」的 Excel 檔案，就將參數設定為：

```
filefilter:= "啟用巨集的活頁簿檔案, *.xlsm"
```

3‧讓對話盒同時顯示多種副檔名的檔案

如果要同時顯示同種類型多種副檔名的檔，就將所有類型的副檔名都寫在設定參數的
字串符號中，不同類型的副檔名之間用分號分隔，例如：

```
fil = Application.GetOpenFilename(filefilter:= "Excel 活 頁 簿 文 件,*.xls;*.
xlsx;*.xlsm")
```

執行這行程式碼後的結果如圖 6-31 所示。

6-31 在對話盒中顯示 Excel 活頁簿檔案

4 · 讓對話盒能選擇顯示多種類型的檔案

如果想設定可以在對話盒中選擇顯示 Excel 活頁簿檔案或 Word 文件檔案，程式碼可以寫為：

```
fil = Application.GetOpenFilename(filefilter:= "Excel 活頁簿檔案,*.xls;*.xlsx,
Word 文件檔案, *.doc;*.docx;*.docm")
```

無論要設定可以選擇幾種類型的檔，filefilter 參數的值都是一個字串，每種可選擇的檔案類型之間用逗號分隔。

執行程式碼後的結果如圖 6-32 所示。

6-32 設定可以在多種檔案類型中選擇

5 · 透過 FilterIndex 參數設定預設顯示的檔案類型

如果在【檔案類型】下拉清單中設定了多種可選擇的檔案類型，就可以透過 GetOpenFilename 方法的 FilterIndex 參數，設定對話盒中預設顯示的檔案類型，例如：

```
fil = Application.GetOpenFilename(filefilter:= "Excel 活 頁 簿 檔 案, *.xls;*.
xlsx, Word 文件檔案, *.doc;*.docx;*.docm", FilterIndex:=2)
```

設定 FilterIndex 參數的值為 2，表示將【檔案類型】下拉清單中的第 2 項設定為預設選項。

將第 2 項設定為對話盒中的預設選項，執行程式顯示「開啟」對話盒後，對話盒中預設顯示的就是【檔案類型】下拉清單中第 2 項指定的檔案類型，如圖 6-33 所示。

6-33 設定預設顯示的檔案類型

6 · 設定允許同時選擇多個檔案

預設情況下，在透過 GetOpenFilename 方法顯示的「開啟」對話盒中，只能同時選取一個檔案，如果希望能同時選取多個檔案，可以將 MultiSelect 參數設定為 True，如果省略或將參數設定為 False，就只能在對話盒中選取一個檔案。例如：

```
fil = Application.GetOpenFilename(filefilter:= "Excel活頁簿檔案，*.xls;*.
xlsx, Word文件檔案，*.doc;*.docx;*.docm", MultiSelect:=True)
```

執行程式碼後的結果如圖 6-34 所示。

按住〔Ctrl〕鍵的同時，即可用滑鼠同時選取對話盒中的多個檔案。

6-34 在對話盒中同時選取多個檔案

如果在對話盒中選取多個檔案，按一下對話盒中的〔開啟〕按鈕後，
GetOpenFilename 方法傳回的是包含所有選取檔的檔案名組成的一維陣列，例如：

```
Sub GetFile()
   Dim fil
   fil = Application.GetOpenFilename(filefilter:= "Excel 活頁簿檔案, *.xls;*.
xlsx, Word 文件檔案, *.doc;*.docx;*.docm", MultiSelect:=True)
      Range("A1").Resize(UBound(fil), 1)= Application.WorksheetFunction.
Transpose(fil)
End Sub
```

> 將一維陣列寫入一列儲存格時，應使用 Transpose 函數將其轉為一列。

執行程式後的結果如圖 6-35 所示。

6-35 取得多個檔案的檔案名稱

6-2-6 用 GetSaveAsFilename 方法顯示「另存新檔」對話盒

要想取得選取的檔案名稱，還可以使用 Application 物件的 GetSaveAsFilename 方法開啟「另存新檔」對話盒，在對話盒中選擇檔案，取得該檔案包含路徑的檔案名稱，例如：

> 在 Windows 系統的電腦中，GetSaveAsFilename 方法有 4 個參數，這 4 個參數分別用來設定對話盒中預設顯示的檔案名稱、可以在對話盒中選擇顯示的檔案類型、預設的檔案篩選條件索引號及對話盒的標題名稱。

```
Sub GetSaveAs()
    Dim Fil As String, FileName As String, Filter As String, Tile As String
    FileName = " 例子 "
    Filter = "Excel 活頁簿 ,*.xls;*.xlsx;*.xlsm,Word 文件檔案 ,*.doc;*.docx;*.docm"
    Tile = " 請選擇要取得名稱的檔案 "
    ' 將變數設定為 GetSaveAsFilename 方法的參數
    Fil = Application.GetSaveAsFilename(InitialFileName:=FileName, filefilter:=Filter, FilterIndex:=2, Title:=Tile)
    Range("A1") = Fil              ' 將選取檔案的名稱寫入活動工作表的 A1 儲存格
End Sub
```

執行這個程式顯示的對話盒如圖 6-38 所示。

6-38 用 Getsaveasfilename 方法取得檔案名稱

6-2-7 用 Application 物件的 FileDialog 屬性取得目錄名稱

如果想取得的不是檔案名稱，而是指定目錄的路徑及名稱，可以使用 Application 物件的 FileDialog 屬性。例如：

> 參數只允許在對話盒中選擇一個資料夾

```
Sub getFolder()
   With Application.FileDialog(filedialogtype:= msoFileDialogFolderPicker)
      .InitialFileName = "D:\"        ' 設定 D 槽根目錄為起始目錄
      .Title = " 請選擇一個目錄 "      ' 設定對話盒標題
      .Show                           ' 顯示對話盒
      If .SelectedItems.Count > 0 Then ' 判斷是否已選取目錄
         Range("A1").Value = .SelectedItems(1) ' 將選取的目錄名及路徑寫入儲存格
      End If
   End With
End Sub
```

執行這個程式後的結果如圖 6-39 所示。

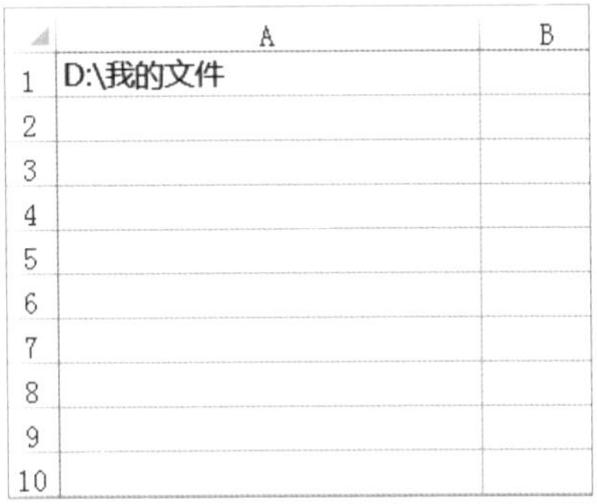

▲	A	B
1	D:\我的文件	
2		
3		
4		
5		
6		
7		
8		
9		
10		

6-39 利用 Application 物件的 FileDialog 屬性取得目錄名稱

除了 msoFileDialogFolderPicker，filedialogtype 參數還可以設定為其他的值，詳情如表 6-9 所示。

表 6-9 msoFileDialogType 參數可以設定的常數

常數	說明
msoFileDialogFilePicker	允許選擇一個檔案
msoFileDialogFolderPicker	允許選擇一個資料夾
msoFileDialogOpen	允許開啟一個檔案
msoFileDialogSaveAs	允許儲存一個檔案

6-3 | 使用表單物件設計互動介面

接下來我們要學習的是如何用表單物件來達到與使用者互動的功能，讓表單更加人性化與親切。

6-3-1 設計介面，需要用到 UserForm 物件

儘管使用 VBA 程式碼可以叫出許多 Excel 內建的對話盒，但這些對話盒卻未必能滿足我們全部的需求。很多時候，我們都希望能自己設計一個互動介面，定義其中的控制項及控制項的功能，這就需要用到 VBA 中的另一類常用物件—UserForm 物件。

一個使用者表單，就是一個 UserForm 物件，也就是大家常說的表單物件，簡稱表單。當在專案中新增一個表單後，就可以在表單上自由地新增 ActiveX 控制項，只要透過編寫 VBA 程式碼為這些控制項指定功能，就能利用這些控制項與 Excel 互動。

6-3-2 在專案中新增一個使用者表單

新增表單常用的方法有以下兩種。

1・透過功能表命令插入表單
在 VBE 視窗中，依次執行【插入】→【自訂表單】命令，即可插入一個表單物件，如圖 6-40 所示。

6-40 利用功能表命令插入表單

2・利用右鍵功能表插入表單

在「專案總管」中的空白處按一下滑鼠右鍵，執行右鍵功能表中的【插入】→【自訂
表單】命令，也可以在專案中插入一個使用者表單，如圖 6-41 所示。

6-41 利用右鍵功能表插入表單

我們可以根據需要在專案中插入任意多個使用者表單。

6-3-3 設定屬性，改變表單的外觀

新插入的表單是一個帶標題列的灰色框，表單上什麼控制項也沒有，作為一個物件，
使用者表單也有自己的屬性，如名稱、大小、位置等。可以根據自己的需求，在「屬
性視窗」中設定表單的屬性來改變它的樣式，圖 6-42 所示為更改表單名稱及標題欄
名稱的設定項目。

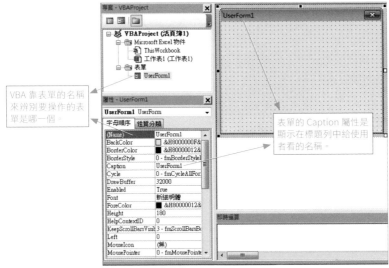

6-42 在「屬性視窗」中更改表單的名稱

預設情況下，「屬性視窗」中的屬性按字母排序，這樣的排序方式不便看出每個屬性的用途，如果你是初學者，可以選擇〔性質分類〕活頁標籤，在其中分類查看物件的屬性，如圖 6-43 所示。

6-43 按分類序查看物件屬性

如果對其中的某個屬性不太熟悉，可以選取屬性名稱，按〔F1〕鍵，查看關於它的說明資訊，如圖 6-44 所示。

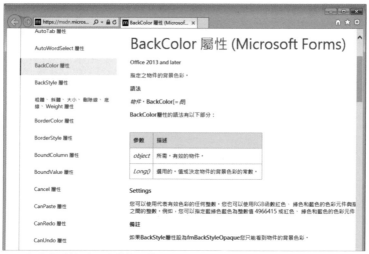

6-44 查看「屬性視窗」中某個屬性的說明資訊

6-3-4 在表單上新增和設定控制項的功能

1 · 要新增控制項，就得用到「工具箱」

新插入的表單，只是一個空白的對話盒，不包含任何控制項。如果要在表單中新增控制項，得使用如圖 6-45 所示的「工具箱」。

6-45「工具箱」及其中的控制項

預設情況下，選取表單時，VBE 就會自動顯示「工具箱」，如果你在 VBE 視窗中沒有看到「工具箱」，可以從選擇〔檢視〕→「工具箱」命令叫出它，如圖 6-46 所示。

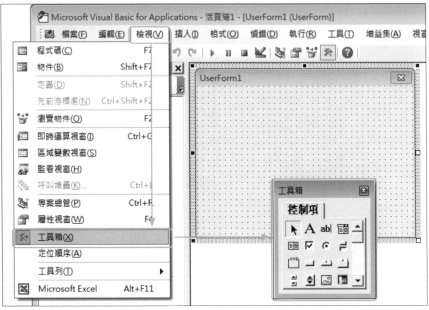

6-46 叫出「工具箱」

2.新增控制項，製作一個資料輸入視窗

下面讓我們在這個表單中新增控制項，製作一個資料輸入視窗。

在「工具箱」中選取需要新增的控制項，按一下表單內部（或直接使用滑鼠將「工具箱」中的控制項拖到表單中）即可在表單上新增該控制項，如圖 6-47 所示為在表單中新增一個標籤控制項的操作步驟。

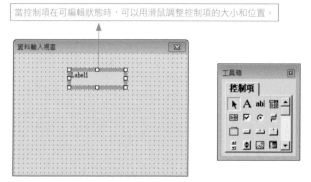

6-47 在表單中新增標籤控制項

新增的控制項，總是顯示為預設樣式，可以透過設定「屬性視窗」中的屬性來改變它的樣式，如圖 6-48 所示。

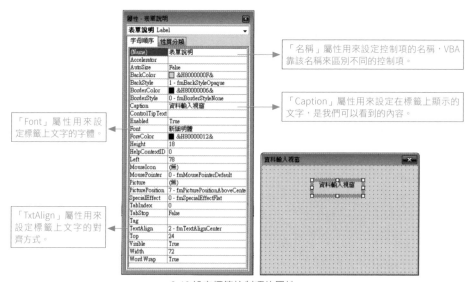

6-48 設定標籤控制項的屬性

6-4 用程式碼操作自己設計的表單

顯示表單就是把設計好的表單顯示出來,供我們使用。可以手動或使用程式碼顯示表單。

6-4-1 顯示使用者表單

1.手動顯示表單

在 VBE 視窗中選取表單,依次執行〔執行〕→【執行 Sub 或 UserForm】命令(或按〔F5〕鍵),即可顯示選取的表單,如圖 6-49 所示。

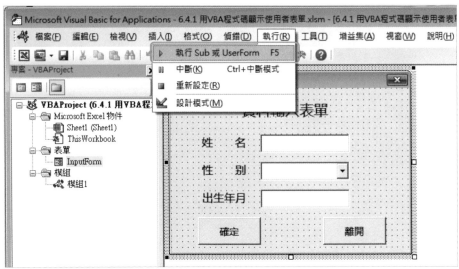

6-49 手動顯示表單

通常,我們只在設計表單的時候,為測試表單,才會使用手動的方法來顯示表單。

2 . 在程式中用程式碼顯示表單

顯示一個表單要經歷兩個步驟：載入表單和顯示表單。例如：

載入表單就是初始化表單，為表單分配記憶體，但並不顯示表單。語法為：Load 表單名稱。

```
Sub ShowForm()
    Load InputForm          ' 載入 "InputForm" 表單
    InputForm.Show          ' 顯示 "InputForm" 表單
End Sub
```

顯示表單就是將表單顯示出來，讓使用者能看見並使用它。語法為：表單名稱.Show。

但是，如果在叫出表單的 Show 方法前表單沒有載入，Excel 會自動載入該表單，然後再顯示它。所以，要在程式中使用程式碼顯示一個表單，通常我們會直接叫出它的 Show 方法，而省略載入的語法，例如：

```
Sub ShowForm()
    InputForm.Show          ' 顯示 "InputForm" 表單
End Sub
```

6-4-2 設定表單的顯示位置

預設情況下，顯示一個表單後，Excel 會將其顯示在 Excel 視窗的中心位置，但可以透過設定屬性來定義其顯示位置，例如：

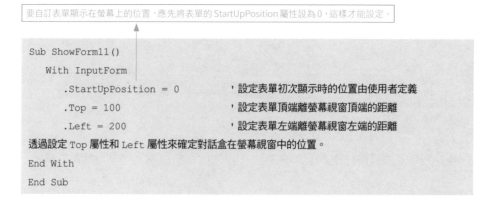

要自訂表單顯示在螢幕上的位置，應先將表單的 StartUpPosition 屬性設為 0，這樣才能設定。

```
Sub ShowForm11()
    With InputForm
        .StartUpPosition = 0    ' 設定表單初次顯示時的位置由使用者定義
        .Top = 100              ' 設定表單頂端離螢幕視窗頂端的距離
        .Left = 200             ' 設定表單左端離螢幕視窗左端的距離
透過設定 Top 屬性和 Left 屬性來確定對話盒在螢幕視窗中的位置。
    End With
End Sub
```

執行這個程式後的結果如圖 6-50 所示。

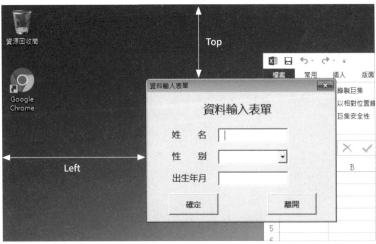

6-50 設定表單顯示在螢幕上的位置

也可以直接在「屬性視窗」中設定這些屬性來確定表單的顯示位置，如圖 6-51 所示。

6-51 在「屬性視窗」中設定表單的顯示位置

6-4-3 將表單顯示為無模式表單

表單的顯示模式決定在顯示表單時，還能不能執行表單之外的其他操作。可以將表單顯示為模式表單或無模式表單。

1·模式表單不能操作表單之外的物件

將表單顯示為模式表單後，程式將暫停執行「顯示表單」命令之後的程式碼，直到關閉或隱藏表單。如果要將名稱為 InputForm 的表單顯示為模式表單，可以使用程式碼：

省略 Show 方法的參數，或將參數設定為 vbModal，VBA 都會將表單顯示為模式表單。

```
InputForm.Show vbModal
```

透過功能表命令或直接叫用表單的 Show 方法顯示的都是模式表單，所以如果想將一個窗體顯示為模式表單，直接用 Show 方法顯示這個表單就可以了，不用再作其他設定。

2·無模式表單允許進行表單外的其他操作

要將表單顯示為無模式表單，必須透過 Show 方法的參數指定，例如：

參數 vbModaless 告訴 VBA，將名稱為 InputForm 的表單顯示為無模式表單。

```
InputForm.Show vbModeless
```

如果將表單顯示為無模式表單，當表單顯示後，系統會繼續執行程式中剩下的程式碼，也允許我們操作表單之外的其他物件，如圖 6-52 所示。

將表單顯示為無模式表單後，在顯示表單的同時，依然能選取工作表中的儲存格，並使用右鍵功能表。

6-52 顯示無模式表單時能操作表單之外的其他物件

6-4-4 關閉或隱藏已顯示的表單

關閉表單，最簡單的辦法就是按一下表單右上角的〔關閉〕按鈕，如圖 6-53 所示。

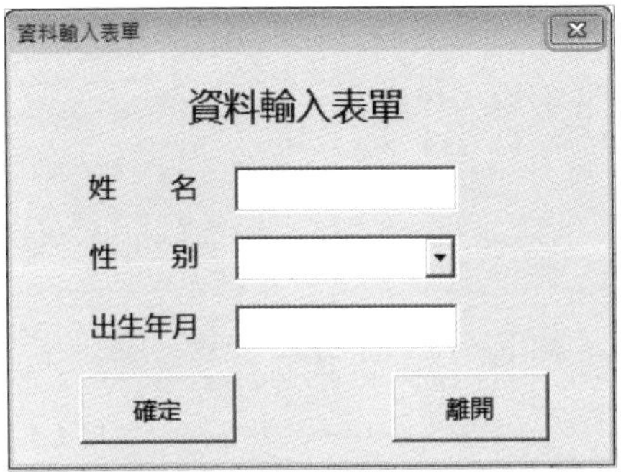

資料輸入表單	⊠

資料輸入表單

姓　名	[　　　　]
性　別	[　　▼]
出生年月	[　　　　]

| 確定 | 離開 |

6-53 表單內建的〔關閉〕按鈕

如果需要在程式中使用其他方式，如借助按鈕來關閉或隱藏表單，就需要用到 VBA 程式碼。

1．用 Unload 命令關閉表單

要關閉一個表單，可以使用 Unload 命令，例如：

```
Unload InputForm ──→  「InputForm」是要關閉的表單名稱，如果要關閉
                       其他表單，就將這裡替換為其他對應的表單名稱。
```

如果要關閉的是程式碼所在的表單，還可以使用語法：

```
Unload Me ──────→  關鍵字「Me」引用的是程式碼所在的表單物件。
```

使用「Unload 表單名稱」可以關閉任意的表單，使用「Unload Me」只能關閉程式碼所在的表單。如果是要關閉程式碼所在的表單，使用「Unload Me」關閉表單會更安全一些。

透過表單名稱來關閉表單，當將表單的名稱從「InputFrom」更改為其他名稱後，就需要重新修改程式碼中的表單名稱，但如果使用關鍵字「Me」引用要關閉的表單，無論將表單的名稱更改為什麼，都一定能將程式碼所在的表單關閉。

2．使用 Hide 方法隱藏表單

如果只是想隱藏而不是關閉表單，可以使用表單物件的 Hide 方法，將表單從螢幕上隱藏，表單仍然存在記憶體中，語法為：

```
表單名稱 .Hide
```

例如：

```
InputForm.Hide
```

如果是想隱藏程式碼所在的表單，也可以使用關鍵字「Me」來引用表單，將語法寫為：

```
Me.Hide
```

3．隱藏和關閉表單的區別

從我們的感觀上來看，隱藏和關閉表單的結果的確是一樣的，但在電腦眼中兩者卻有本質的區別。

用 Unload 語法關閉表單，不但會將表單從螢幕上刪除，還會將其從記憶體中移除。當將表單從記憶體中移除後，表單及表單中的控制項都將還原成最初的值，程式碼將不能操作或訪問表單及其中的控制項，也不能再訪問儲存在表單中的變數。

如果使用 Hide 方法隱藏表單，只會將表單從螢幕上刪除，但表單依然被儲存在記憶體中。所以，當需要反復使用某個表單時，建議大家使用 Hide 方法隱藏，而不用 Unload 語法移除它，這樣將會在再次顯示表單時，省去載入和初始化表單的過程。

6-5 │ 使用者表單的事件應用

　　作為一種物件，表單也有自己的事件。事實上表單主要是借助自身及表單上的各種控制項的事件進行工作的，下面就來看看如何借助這些事件讓前面設計的資料輸入表單工作起來。

▎6-5-1 借助 Initialize 事件初始化表單

Initialize 事件發生在顯示表單之前，當我們在程式中使用 Load 語法載入表單，或使用 Show 方法顯示表單時，都會引發該事件。

正因為該事件在顯示表單之前發生，所以我們可以借助該事件對表單進行初始化設定。

還記得前面我們設定的資料輸入表單嗎？當我們設計好這個表單後，對其中用來輸入性別的下拉式方塊控制項未進行任何設定，無法利用它選擇輸入資料，如圖 6-54 所示。

6-54 表單中不能使用的下拉式方塊控制項

想在顯示表單後，能使用其中的下拉式方塊輸入資料，就可以借助 Initialize 事件，在表單顯示前，設定好下拉式方塊中的可選擇項目。

1. 用滑鼠按右鍵表單空白處，在右鍵功能表中選擇【檢視程式碼】命令，叫出表單物件的「程式碼」視窗，如圖 6-55 所示。

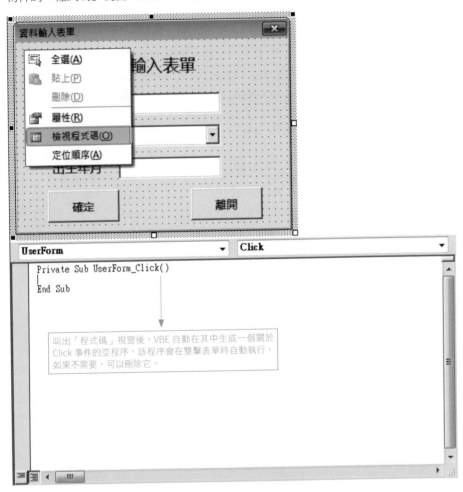

6-55 調出表單物件的「程式碼」視窗

2. 要使用 Initialize 事件，在確保【物件】清單方塊中的物件名稱是 UserForm 的同時，
在【事件】清單方塊中選擇「Initialize」，這樣，VBE 就會自動在「程式碼」視窗中
生成關於該事件的事件程序，如圖 6-56 所示。

6-56「程式碼」視窗中的 Initialize 事件程序

3. 想在載入表單時設定下拉式方塊中的可選項目，就將對應的程式碼寫在事件程序
中，例如：

```
Private Sub UserForm_Initialize()
    性別.List = Array("男", "女")
End Sub
```

「性別」是下拉式方塊的名稱，設定下拉式方塊的 List 屬性為 Array 函
數傳回的陣列，那陣列中的每個元素都是下拉式方塊中的可選項目。

設定完成後，再次顯示表單，就可以使用下拉式方塊了，如圖 **6-57** 所示。

6-57 使用 Initialize 事件設定表單中的下拉式方塊控制項

TIPS 還有一個功能與 Initialize 事件類似的事件—Activate 事件。Activate 事件在顯示表單的時
候發生，而 Initialize 事件是在顯示表單之前發生。也就是說，Initialize 事件總是發生在
Activate 事件之前，只需載入表單而不顯示即可引發 Initialize 事件，但 Activate 事件必
須在顯示表單時才會發生，如果想在表單顯示時對表單初始化，也可以使用 Activate 事件
來處理。

6-5-2 讓表單內建的〔關閉〕按鈕失效

當表單顯示後，我們可以不對表單及其中的控制項做任何操作，就直接按一下表單右上角的〔關閉〕按鈕直接關閉表單。有時，我們希望透過按一下表單中某個特定的按鈕來關閉表單，而不是表單右上角的〔關閉〕按鈕。

讓表單內建的〔關閉〕按鈕失效，可以借助表單物件的 QueryClose 事件實現。QueryClose 事件在移除使用者表單之前發生，每次按一下表單中的〔關閉〕按鈕，都會引發該事件，只要在事件中透過程式碼取消移除表單的操作，就不會關閉表單了。

1. 叫出表單的「程式碼」視窗，在【物件】清單中選擇「UserForm」，在【事件】列表中選擇「QueryClose」，VBE 就會自動生成關於該事件的程序，如圖 6-58 所示。

> 「程式碼」視窗中生成的是一個帶參數的事件程序，其中參數 Cancel 確定是否關閉表單，CloseMode 是關閉表單的方式。

6-58 在「程式碼」視窗中插入 Queryclose 事件的程序

2. 在事件程序中加入程式碼，禁止透過按一下對話盒中的〔關閉〕按鈕來關閉表單，例如：

```
Private Sub UserForm_QueryClose(Cancel As Integer, CloseMode As Integer)
  If CloseMode<> vbFormCode Then Cancel = True
End Sub
```

在表單中加入這行程式碼後，再次顯示表單，就不能再使用表單右上角的〔關閉〕按鈕關閉表單了。

QueryClose 的事件程序是一個帶兩個參數的 Sub 程序，其中的 Cancel 參數確定是否回應我們關閉表單的操作，當值為 True 時，程式將不回應我們關閉表單的操作，如果 Cancel 的值為 False，程式將關閉表單。而其中的 CloseMode 參數是我們關閉表單的方式，不同的關閉方式傳回的值也不相同，詳情如表 6-10 所示。

表 6-10 CloseMode 參數的傳回值說明

常數	值	說明
vbFormControlMenu	0	在表單中按一下〔關閉〕按鈕關閉表單
VbFormCode	1	透過 Unload 語法關閉表單
vbAppWindows	2	正在結束目前 Windows 操作環境的程序（僅用於 VisualBasic5.0）
vbAppTaskManager	3	Windows 的【工作管理員】正在關閉這個應用（僅用於 VisualBasic5.0）

程式碼「If CloseMode <> vbFormCode Then Cancel = True」判斷我們是否透過 Unload 語法來關閉表單（CloseMode 參數值為 vbFormCode 或數值 1 時就是使用 Unload 語法關閉表單），如果不是使用 Unload 語法關閉表單，則將 Cancel 參數的值設定為 True，即不關閉表單。

如果只想禁用表單中的〔關閉〕按鈕，也可以將程式碼寫為：

```
If CloseMode   vbFormControlMenu Then Cancel = True
```

或者

```
If CloseMode   0 Then Cancel = True
```

6-5-3 表單物件的其他事件

表單物件擁有 20 多個事件，在「程式碼」視窗的【物件】清單方塊中選取 UserForm，在右側的【事件】清單方塊中就可以看到這些事件，如圖 6-59 所示。

6-59 在「程式碼」視窗中查看表單物件的事件

6-6 編寫程式碼，為表單中的控制項設定功能

　　在表單中新增的控制項，在沒有編寫程式碼為其設定功能前，還不能使用它們執行任何操作或計算。下面，讓我們為前面設計的資料輸入表單編寫程式碼，讓它具有向儲存格中輸入資料的功能。

6-6-1 為〔確定〕按鈕新增事件程序

表單中的〔確定〕按鈕被規劃用於確認使用者輸入的功能 - 當在表單中輸入資訊後，按一下〔確定〕按鈕即可將這些資訊輸入到工作表相應的區域中。要完成這個任務，需要用到按鈕的 Click 事件。

1. 按兩下〔確定〕按鈕，叫出按鈕所在表單的「程式碼」視窗，在【物件】下拉清單中選擇該按鈕的名稱「CmdOk」（「屬性視窗」中設定的「Name」屬性），在【事件】下拉列表中選擇「Click」事件，如圖 6-60 所示。

6-60 叫出按鈕所在表單的「程式碼」視窗

2. 在「程式碼」視窗中的 Click 事件程序中，加入按一下〔確定〕按鈕後要執行的程式碼，例如：

```
Private Sub CmdOk_Click()
    Dim xrow As Long                    '定義變數 xrow，用來儲存要輸入資料的工作表行號
    xrow = Range("A1").CurrentRegion.Rows.Count + 1    '求工作表中第1條空行的行號
    '將表單中輸入的姓名、性別和出生年月寫入工作表中
    Cells(xrow, "A").Value = 姓名 .Value
    Cells(xrow, "B").Value = 性別 .Value
    Cells(xrow, "C").Value = 出生年月 .Value
    '將表單中輸入的資料清除，等待下次輸入
    姓名 .Value = ""
    性別 .Value = ""
    出生年月 .Value = ""
End Sub
```

6-6-2 使用表單輸入資料

給表單中各個控制項設定功能後，就可以使用它在工作表中輸入資料了，如圖 6-61 所示。

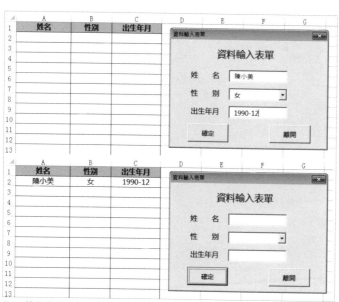

6-61 使用表單在工作表中輸入資料

6-6-3 幫〔離開〕按鈕新增事件程序

表單中的〔離開〕按鈕，被規劃用來關閉表單。參照為〔確定〕按鈕新增事件程序的
方法，為〔離開〕按鈕新增事件程序：

```
Private Sub CmdCancel_Click()
    Unload Me                        '移除程式碼所在的表單
End Sub
```

關鍵字「Me」代表程式碼所在的表單—輸入資料的表單。

如果還有其他控制項需要設定功能，可以參照該辦法給它編寫對應的事件程序。

6-6-4 替控制項設定快速鍵

給一個按鈕設定快速鍵後，在顯示表單時，當按下對應的快速鍵，就等同於在表單中
用滑鼠按一下了該按鈕。

可以透過設定控制項的 Accelerator 屬性來給控制項設定快速鍵—在表單中選取〔確
定〕按鈕，即可在「屬性視窗」中設定按鈕的 Accelerator 屬性，如圖 6-62 所示。

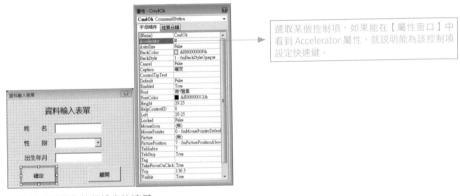

選取某個控制項，如果能在【屬性窗口】中
看到 Accelerator 屬性，就說明能為該控制項
設定快速鍵。

6-62 給〔確定〕按鈕設定快速鍵

設定〔確定〕按鈕的 Accelerator 屬性為「N」，在顯示該按鈕所在的表單時，按〔Alt〕
+〔N〕快捷鍵後，就等同於在表單中用滑鼠按一下了〔確定〕按鈕，VBA 會自動執
行該按鈕的 Click 事件程序。

 也可以使用 VBA 程式碼設定控制項的快捷鍵，如 CmdOk.Accelerator = "N"。
TIPS

6-6-5 更改控制項的 Tab 鍵順序

只有物件被啟動時，才能接收鍵盤輸入。控制項的 Tab 鍵順序決定使用者按下〔Tab〕鍵或〔Shift〕+〔Tab〕快捷鍵後控制項啟動的順序。在設計表單時，系統會依新增控制項的先後順序確定控制項的〔Tab〕鍵順序。

當然，這個順序是可以更改的。在 VBE 中選取表單，依次執行〔檢視〕→【定位順序】命令，調出【定位順序】對話盒，按一下〔向上移〕或〔向下移〕按鈕即可調整控制項的〔Tab〕鍵順序，如圖 6-63、6-64 所示。

6-63 更改控制項順序

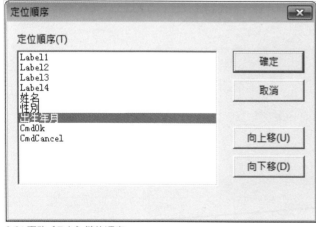

6-64 更改〔Tab〕鍵的順序

6-7 | 用表單製作一個簡易的登入表單

登入表單大家一定見過不少吧？是不是也希望給自己的表格設計一個類似的登入表單，只讓有許可權的人才能開啟它？

下面，就讓我們來看看，如何使用表單製作類似圖 6-65 所示的登入表單。

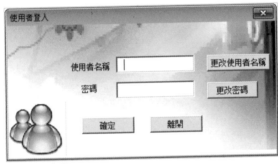

6-65 登入表單

6-7-1 設計登入表單的介面

1. 新增一個表單，用滑鼠調整其大小，直到滿意為止。當然，我們也可以在之後隨時調整它的大小，如圖 6-66 所示。

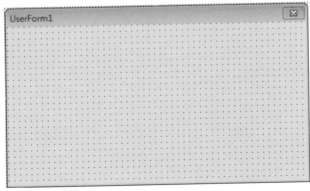

6-66 新增的表單

2. 根據需求，在表單上新增所需要的控制項，如圖 6-67 所示。

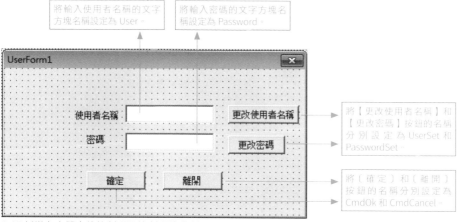

6-67 新增在表單中的控制項及控制項的名稱

3. 更改表單的名稱為「denglu」，標題列中的名稱為「使用者登入」，並對表單作適當裝飾，如圖 6-68 所示，可以透過這些屬性來設定表單的背景圖片及其顯示樣式。

6-68 設定表單的外觀樣式

4. 設定用於輸入使用者名稱和密碼的文字方塊的屬性（如字體），特別要設定輸入密碼的文字方塊的 PasswordChar 屬性為「*」，讓輸入其中的內容始終顯示為「*」，如圖 6-69 所示。

> 設定文字方塊的 PasswordChar 屬性為「*」後，無論在文字方塊中輸入什麼內容，都將顯示為「*」，就像輸入 LINE 密碼的文字方塊一樣。

6-69 設定密碼輸入方塊的格式

6-7-2 設定初始使用者名稱和密碼

我們得找一個地方來儲存登入的使用者名稱和密碼，如儲存格、名稱都可以。這裡，我們新建兩個名稱，使用不同的名稱來儲存使用者名稱和密碼。

回到 Excel 視窗，依次按一下「工具列」中的〔公式〕→〔定義名稱〕按鈕，叫出「新名稱」對話盒，在其中新建一個名為「UserName」的新名稱，用來儲存登入使用者名稱「User」（登入使用者名稱後期可以隨時更改），如圖 6-70 所示。

6-70 新名稱儲存使用者名稱

再新建一個名為 UserWord 的新名稱來儲存登入密碼「1234」，如圖 6-71 所示。

6-71 新名稱儲存使用者密碼

6-7-3 新增程式碼，為控制項指定功能

1．設定開啟活頁簿時只顯示登入表單

因為只有當使用者名稱和密碼都輸入正確後，才能進入 Excel 的編輯介面。所以，在開啟活頁簿時，應先將 Excel 的介面隱藏起來，只顯示登入表單，這就需要用到 Workbook 物件的 Open 事件。

在 ThisWorkbook 模組中寫入程式，讓開啟活頁簿時隱藏 Excel 的程式介面，只顯示登入表單：

```
Private Sub Workbook_Open()
    Application.Visible = False      '隱藏 Excel 程式介面
    denglu.Show                      '顯示登入表單介面
End Sub
```

2‧為〔確定〕按鈕新增程式碼

〔確定〕按鈕是表單中功能最複雜的一個按鈕。〔確定〕按鈕用來核對輸入的使用者名稱和密碼，以確定是否顯示 Excel 介面。在表單中按兩下〔確定〕按鈕，叫出按鈕所在表單的「程式碼」視窗，在其中使用按鈕的 Click 事件編寫程序，例如：

```vba
Private Sub CmdOk_Click()                         '按一下〔確定〕按鈕的時候執行程序
    Application.ScreenUpdating = False            '關閉螢幕更新
    Static i As Integer                           '宣告一個靜態變數，用來記錄使用者名
稱或密碼的輸錯次數
    '判斷使用者名稱和密碼是否輸入正確
    If CStr(User.Value) = Right(Names("UserName").RefersTo, _
            Len(Names("UserName").RefersTo) - 1) _
        And CStr(Password.Value) = Right(Names("UserWord").RefersTo, _
        Len(Names("UserWord").RefersTo) - 1) Then
        Unload Me                                 '如果輸入正確，關閉登入表單
        Application.Visible = True                '顯示 Excel 介面
    Else
        i = i + 1                                 '用變數 i 記錄密碼或使用者名稱輸入錯誤的次數
        If i = 3 Then                             '如果使用者名稱或密碼輸錯 3 次則執行下面的語法
            MsgBox "對不起，你無權開啟活頁簿！", vbInformation, "提示"
            ThisWorkbook.Close savechanges:=False '關閉目前活頁簿，不儲存更改
        Else                                      '如果使用者名稱或密碼輸錯不滿 3 次，執行下面的語法
            MsgBox "輸入錯誤，你還有 " & (3 - i) & " 次輸入機會。", vbExclamation,
"提示"
            User.Value = ""                       '清除文字方塊中的使用者名稱，等待重新輸入
            Password.Value = ""                   '清除文字方塊中的密碼，等待重新輸入
        End If
    End If
    Application.ScreenUpdating = True             '開啟螢幕更新
End Sub
```

3‧為〔更改使用者名稱〕按鈕新增程式碼

更改使用者名稱，實際就是更改名稱「UserName」中儲存的資料，按兩下〔更改使用者名稱〕按鈕，在叫出的「程式碼」視窗中輸入程式，為該按鈕新增程式碼：

```vb
Private Sub UserSet_Click()                    ' 按一下〔更改使用者名稱〕按鈕時執行程序
    Dim old As String, new1 As String, new2 As String
    old = InputBox(" 請輸入原使用者名稱：", " 提示 ")
    ' 判斷原使用者名稱是否輸入正確
    If old <> Right(Names("UserName").RefersTo, _
        Len(Names("UserName").RefersTo) - 1) Then
        MsgBox " 原使用者名稱輸入錯誤，不能修改！", vbCritical, " 錯誤 "
        Exit Sub
    End If
    new1 = InputBox(" 請輸入新使用者名稱：", " 提示 ")
    ' 判斷輸入的新使用者名稱是否為空白
    If new1 = "" Then
        MsgBox " 新使用者名稱不能為空白，修改沒有完成 ", vbCritical, " 錯誤 "
        Exit Sub
    End If
    new2 = InputBox(" 請再次輸入新使用者名稱：", " 提示 ")
    ' 判斷兩次輸入的使用者名稱是否相同
    If new1 = new2 Then
        Names("UserName").RefersTo = "=" & new1   ' 將新使用者名稱儲存到名稱中
        ThisWorkbook.Save                         ' 儲存對活頁簿的修改
        MsgBox " 使用者名稱修改完成，下次登入請使用新使用者名稱！", vbInformation, _
" 提示 "
    Else
        MsgBox " 兩次輸入的新使用者名稱不一致，修改沒有完成！", vbCritical, " 錯誤 "
    End If
End Sub
```

5·為〔離開〕按鈕新增程式碼

〔離開〕按鈕要完成的操作很簡單：按一下〔離開〕按鈕，即取消登入，放棄開啟活頁簿。它要完成的任務有兩個：一是關閉登入表單，二是關閉開啟的活頁簿。用下面的程序就能解決：

```
Private Sub CmdCancel_Click()              '按一下〔離開〕按鈕時執行程序
    Unload Me '關閉登入表單
    ThisWorkbook.Close savechanges:=False    '關閉目前活頁簿，不儲存修改
End Sub
```

6·設定不能按一下表單中的〔關閉〕按鈕關閉登入表單

開啟活頁簿後，我們看到的只有登入表單，但這並不代表活頁簿檔沒有開啟。

事實上，表單所在的活頁簿已經開啟了，只是它的介面被隱藏了，讓我們看不到它而已。如果直接按一下登入表單中〔關閉〕按鈕來關閉登入表單，Excel 只會執行關閉表單的命令，並不會關閉被隱藏的活頁簿。為了杜絕因直接關閉表單帶來的麻煩，應該禁止使用者透過按一下表單中的〔關閉〕按鈕來關閉登入表單。

設定完成後，儲存並關閉活頁簿。重新開啟它，就可以使用登入表單了。

 如果忘記如何禁用表單中的〔關閉〕按鈕，可以在 6-5-2 小節中找到答案。

TIPS

Chapter 7
偵錯與優化編寫的
程式碼

在 Word 中寫一篇演講稿，無論多麼認真仔細，都難免會出現錯誤。例如，不小心輸入了錯別字、寫了幾個語病等，要想一次完成一篇優秀的文章而不出現任何問題是極少見的。

VBA 程式設計也是如此，在編寫程式碼的過程中，總會出現一些由於自己粗心而出現的錯誤。

文章需要修改，程式碼也需要偵錯。

7-1 | VBA 中可能會發生的錯誤

　要修正程式中存在的錯誤，首先得知道程式碼錯在哪裡，為什麼會出錯。所以，讓我們先來看看 VBA 中可能會發生哪些錯誤。

▍7-1-1 編譯錯誤

如果編寫 VBA 程式碼時沒有遵循 VBA 的語法規則，如關鍵字拼寫錯誤、編寫的語法不配對（如有 If 沒有 End If，有 For 沒有 Next）等都會引起編譯錯誤，例如：

```
Sub Bycw()
    If Range("A1").Value > 0 Then
    MsgBox "A1 儲存格的數是正數。"
End Sub
```

If 語法寫成「方塊」的形式，卻沒有以 End If 結尾。

VBA 會拒絕執行存在編譯錯誤的程式，並透過圖 7-1 所示的對話盒提示我們原因。

7-1 執行存在編譯錯誤的程式

7-1-2 執行階段錯誤

如果程式在執行過程中試圖完成一個不可能完成的操作或計算,如除以 0、打開一個不存在的檔案、刪除正在打開的檔案等都會發生執行階段錯誤。

程式碼所在的活頁簿是一個打開的活頁簿檔案,
刪除開啟中的檔案,這個操作是不可能完成的。

```
Sub Yxscw()
    Kill ThisWorkbook.FullName          '刪除程式碼所在的活頁簿檔案
End Sub
```

VBA 不會執行存在執行階段錯誤的過程,並會彈出一個警告提示對話盒告知我們錯誤原因,如圖 7-2 所示。

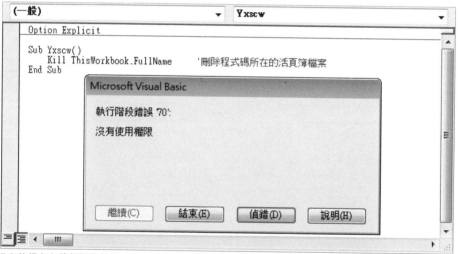

7-2 執行存在執行階段錯誤的程序

7-1-3 邏輯錯誤

如果程式中的程式碼沒有任何語法問題，執行程式後，也沒有不能完成的操作，但程式執行後，卻沒有得到預期的結果，這樣的錯誤稱為邏輯錯誤。

要把 1 到 10 的自然數逐個寫入 A1:A10 的各個儲存格中，如果將程式寫成這樣：

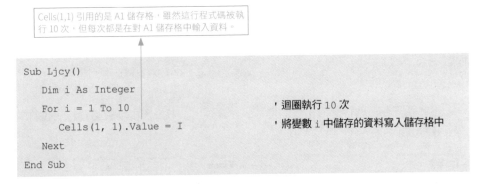

> Cells(1,1) 引用的是 A1 儲存格，雖然這行程式碼被執行 10 次，但每次都是在對 A1 儲存格中輸入資料。

```
Sub Ljcy()
    Dim i As Integer
    For i = 1 To 10          '迴圈執行 10 次
        Cells(1, 1).Value = I    '將變數 i 中儲存的資料寫入儲存格中
    Next
End Sub
```

這個程序中的每行程式碼都沒有語法錯誤，也沒有不可完成的操作，但執行程式後，卻得不到期望的結果，如圖 7-3 所示。

7-3 執行存在邏輯錯誤的程式碼

事實上,我們希望得到的是如圖 7-4 所示的結果。

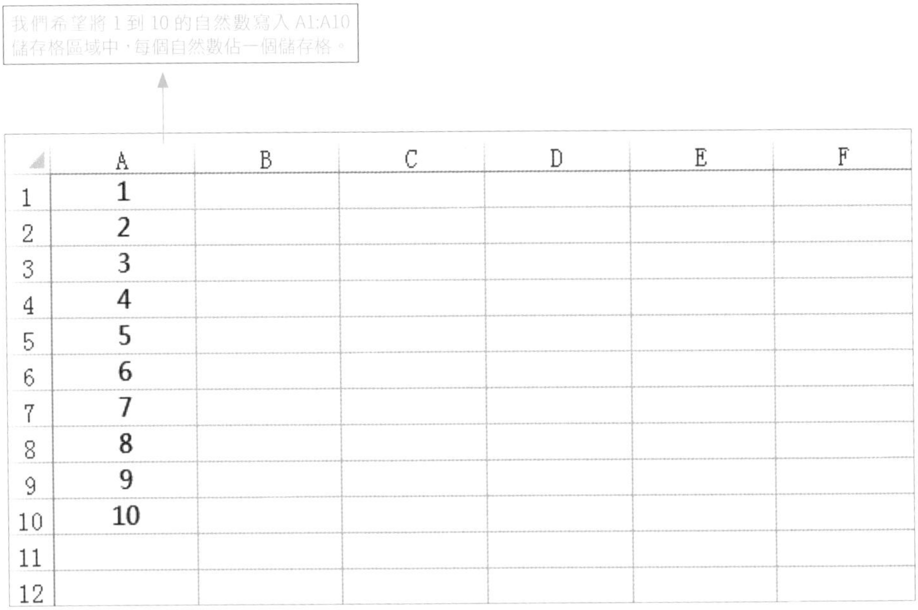

> 我們希望將 1 到 10 的自然數寫入 A1:A10
> 儲存格區域中,每個自然數佔一個儲存格。

	A	B	C	D	E	F
1	**1**					
2	**2**					
3	**3**					
4	**4**					
5	**5**					
6	**6**					
7	**7**					
8	**8**					
9	**9**					
10	**10**					
11						
12						

7-4 將 1 到 10 的自然數寫入 A1:A10 中

執行過程沒有得到期望的結果,是因為迴圈中的程式碼 Cells(1, 1).Value = i 存在問題。
程序中的程式碼雖然將 1 到 10 的自然數都寫入了儲存格中,但每次寫入資料的都是
A1 儲存格,所以我們只看到最後一次寫入的 10。

很多原因都可能導致程式出現邏輯錯誤,如迴圈變數的初值和終值設定錯誤、變數
類型不正確等。與編譯錯誤和執行階段錯誤不同,如果程式存在邏輯錯誤,執行後
Excel 並不會給任何提示。所以,邏輯錯誤不容易被發現,但是在所有錯誤類型中佔
的比例卻最大。

7-2 | VBA 程式的 3 種狀態

想知道應該在什麼時候偵錯和修改 VBA 程式碼？那讓我們先看看 VBA 程式有哪些狀態，各有什麼特點。

7-2-1 設計模式

設計模式就是設計和編寫 VBA 程式時的模式。當程式處於設計模式時，我們可以對程式中的程式碼進行任意修改。

7-2-2 執行模式

程式正在執行時的模式稱為執行模式。在執行模式下，使用者可以透過輸入、輸出對話盒與程式「對話」，也可以查看程式的程式碼，但不能修改程式。

7-2-3 中斷模式

中斷模式是程式被臨時中斷執行（暫停執行）時所處的模式。在中斷模式下，使用者可以檢查程式中存在的錯誤或修改程式碼，可以單步執行程式，一邊發現錯誤，一邊更正錯誤。

7-3 | Excel 已經準備好的偵錯工具

對於不太複雜的程式，尋找錯誤並不太難。但是當程式碼越寫越多，從滿堆的程式碼中檢查錯誤就麻煩了。幸運的是，Excel 已經準備了一套方便有效的程式碼偵錯工具，善用它們可以讓偵錯程式碼的工作變得更簡單、快捷。下面就讓我們一起來看看如何使用這些工具吧。

7-3-1 讓程式進入中斷模式

1·當程式出現編譯錯誤時

如果一段程式存在編譯錯誤，執行時 Excel 會給出圖 7-1 所示的提示對話盒。對話盒中有兩個按鈕，按一下其中的〔說明〕按鈕可以調出關於該錯誤的說明資訊，按一下〔確定〕按鈕即可讓程式進入中斷模式，如圖 7-5 所示。

進入中斷模式後，程式停止在黃色網底所在行，這時就可以修改其中的錯誤程式碼了。

7-5 提示「編譯錯誤」時對話盒中的按鈕

2．當程式出現執行階段錯誤時

如果程式存在執行階段錯誤，VBA 會停止在錯誤程式碼所在行，不再繼續執行程式，並彈出如圖 7-2 所示的對話盒告訴我們錯誤的原因。這時可以按一下對話盒中的【偵錯】按鈕讓程式進入中斷模式，如圖 7-6 所示。

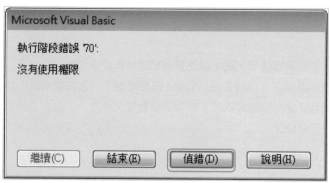

7-6 提示 "執行階段錯誤" 時對話盒中的按鈕

3．中斷一個正在執行的程式

如果程式中沒有出現編譯錯誤和執行階段錯誤，程式會一直執行，直到結束，即使出現死循環，也會一直執行下去，例如：

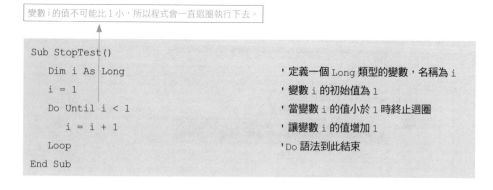

```
Sub StopTest()
    Dim i As Long          '定義一個 Long 類型的變數，名稱為 i
    i = 1                  '變數 i 的初始值為 1
    Do Until i < 1         '當變數 i 的值小於 1 時終止迴圈
        i = i + 1          '讓變數 i 的值增加 1
    Loop                   'Do 語法到此結束
End Sub
```

變數 i 的值不可能比 1 小，所以程式會一直迴圈執行下去。

可以按〔Esc〕鍵或〔Ctrl〕+〔Break〕快捷鍵後，VBA 將中止執行程式，並彈出對話盒，按一下對話盒中的【偵錯】按鈕即可進入程式的中斷模式。

7-3-2 設定中斷點，讓程式暫停執行

1・中斷點就像公路上的檢查站

程式的中斷點，就像設定在公路上的檢查站，凡是經過檢查站的車輛，都得停車接受檢查，暫停行駛。

如果懷疑程式中的某行（或某段）程式碼存在問題，可以在該處設定一個中斷點。設定中斷點後，程式執行到中斷點處時會暫停執行，停止在中斷點所在行，並進入程式的中斷模式，如圖 7-7 所示。

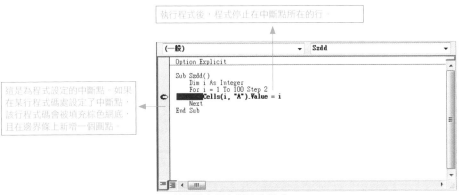

執行程式後，程式停止在中斷點所在的行。

這是為程式設定的中斷點。如果在某行程式碼處設定了中斷點，該行程式碼會被填充棕色網底，且在邊界條上新增一個圓點。

7-7 執行設定了中斷點的程式

> **TIPS** 當程式停止在中斷點所在行後，可以透過按〔F8〕鍵逐行執行程式碼，觀察程式的執行情況，從而發現並修正程式碼中可能存在的錯誤。

2・幫程式設定或清除中斷點

■方法一：按〔F9〕鍵設定中斷點。

將游標定位到要設定中斷點的程式碼所在行，再按〔F9〕鍵即可給程式在該行設定一個中斷點，再執行一遍相同的操作，即可清除該中斷點。如圖 7-8 所示。

7-8 利用〔F9〕鍵設定中斷點

■方法二：利用功能表指令設定中斷點。

將游標定位到程式碼中間，執行【偵錯】→【切換中斷點】指令，即可在游標所在行設定或清除一個中斷點，如圖 7-9 所示。

7-9 利用功能表指令設定或清除中斷點

■方法三：直接按一下程式碼所在行的「邊界條」設定中斷點。

直接按一下程式碼所在行的「邊界條」，在該行程式碼處新增或清除一個中斷點，這是更為簡單的辦法，如圖 7-10 所示。

7-10 按一下「邊界條」設定或清除中斷點

7-3-3 使用 Stop 指令讓程式暫停執行

設定的中斷點會在關閉活頁簿檔的同時自動取消，第 2 次打開活頁簿後，需要重新設定。如果希望重新打開活頁簿後，能繼續使用在程式中設定的中斷點，可以在程式中使用 Stop 指令代替中斷點。當程式執行到 Stop 指令時，會進入程式的中斷模式，如圖 7-11 所示。當不再需要 Stop 指令的時候，需要手動清除它們。

7-11 使用 Stop 指令中斷程式執行

7-3-4 在「即時運算」視窗中查看變數值的變化情況

對存在邏輯錯誤的程式，很多都是因為程式中的變數或其他運算式設定錯誤，所以應先檢查程式中設定的變數或運算式是否存在問題。如果懷疑程式出錯的原因是變數的值設定錯誤，可以在程式中使用「Debug.Print」指令，將程序執行中變數或運算式的值輸出到「即時運算」視窗中。

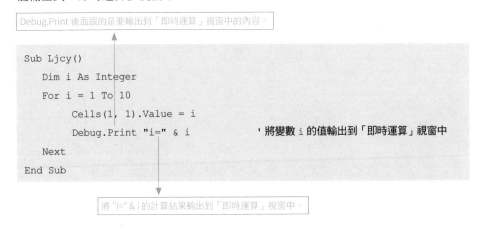

待執行程式後，再到「即時運算」視窗中查看變數值的變化情況，如圖 7-12 所示。

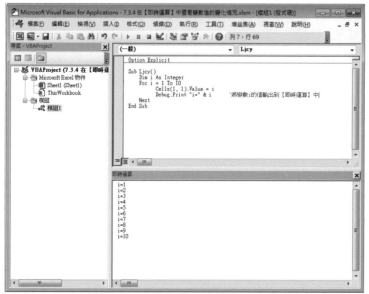

7-12 使用「即時運算」視窗查看變數的值

如果程式處於中斷模式下，還可以將游標移到變數名稱上，VBE 會直接顯示此時該變數的值，如圖 7-13 所示。

7-13 在中斷模式下查看變數的值

7-3-5 在「區域變數」視窗中查看變數的值及類型

如果程式處於中斷模式下，還可以在「區域變數」視窗中查看程式中變數的類型和目前的值，如圖 7-14 所示。

按〔F8〕鍵逐行執行程式中的程式碼，就可以看到「區域變數」視窗中各變數值的變化情況了。

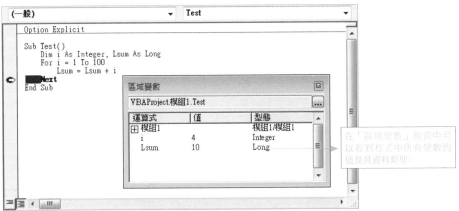

7-14 在「區域變數」視窗中查看程式中變數的值及類型

如果 VBE 中沒有顯示「區域變數」視窗，可以依次執行【檢視】→「區域變數」視窗指令叫出來，如圖 7-15 所示。

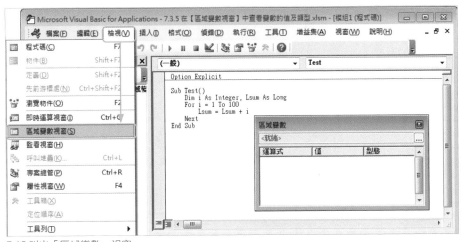

7-15 叫出「區域變數」視窗

7-3-6 使用「監看式」監視程式中的變數

如果程式處於中斷模式下，還可以使用「監看式」視窗來觀察程式中變數或運算式的值。使用「監看式」視窗來監看變數或運算式時，必須先指定監看的變數或運算式。監看運算式可以在設計模式或中斷模式下定義。

1‧使用快速監看
在【程式碼視窗】中選取需要監看的變數或運算式，依次執行【偵錯】→【快速監看】指令（或按〔Shift〕+〔F9〕快捷鍵），叫出【快速監看】對話盒，即可在其中新增要監看的變數或運算式，如圖 7-16 所示。

7-16 使用快速監看

設定完成後，讓程式進入中斷模式，就可以在「監看式」視窗中看到監看的變數或運算式的詳細內容了，如圖 7-17 所示。

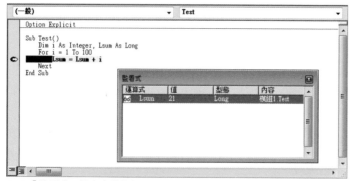

7-17「監看式」視窗中的資訊

2.手動新增監視

如果想手動新增要監看的變數或運算式，可以依次執行【偵錯】→【新增監看式】指令，在叫出的「新增監看式」對話盒中進行設定，如圖 7-18 所示。

7-18 手動新增監看

 TIPS 因為只有當程式處於中斷模式時才能使用「監看式」視窗，所以，無論是用哪種方法新增監看式，只有將程式切換到中斷模式下，才能在「監看式」視窗中查看監看物件的資訊。

3.編輯或刪除監看物件

對已經設定好的監視變數或運算式，可以在「監看式」視窗中編輯或刪除它，如圖 7-19 所示。

7-19 編輯或刪除監看式

7-4 | Excel 處理執行階段錯誤，可能會用到這些語法

有些錯誤是可以預先知道的，對這種預先知道可能發生的錯誤，可以在程式中加入一些處理錯誤的程式碼，保證程式正常執行。VBA 透過 On Error 語法來捕捉執行時錯誤，該語法告訴 VBA 如果執行程式時發生了錯誤應該怎麼做。下面就讓我們一起來看看這 3 種語法形式分別用在什麼時候，有什麼用吧。

7-4-1 On Error GoTo 標籤

「標籤」就是替 GoTo 語法設定的標籤，是一個數位或帶冒號的文字。標籤告訴 VBA，當程式執行過程中遇到執行階段錯誤時，跳到標籤所在行的程式碼繼續執行程式。實際上就是讓程式跳過出錯的程式碼，從另一個地方開始執行程式。例如：

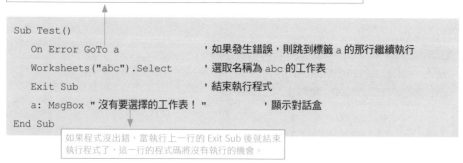

如果活頁簿中沒有名稱為「abc」工作表，選擇「abc」工作表的操作將不能完成，程式會出現執行階段錯誤。如果程式出錯，則跳到標籤 a 所在行的程式碼繼續執行程式。

```
Sub Test()
    On Error GoTo a            '如果發生錯誤，則跳到標籤 a 的那行繼續執行
    Worksheets("abc").Select   '選取名稱為 abc 的工作表
    Exit Sub                   '結束執行程式
    a: MsgBox "沒有要選擇的工作表！"          '顯示對話盒
End Sub
```

如果程式沒出錯，當執行上一行的 Exit Sub 後就結束執行程式了，這一行的程式碼將沒有執行的機會。

執行這個程式後的結果如圖 7-20 所示。

7-20 使用 on error 捕捉錯誤

7-4-2 On Error Resume Next

如果在程式一開始加入 On Error Resume Next 語法，執行程式時，即使程式中存在執行階段錯誤，VBA 也不會中斷程式，而是忽略所有存在錯誤的語法，繼續執行出錯語法後的程式碼。

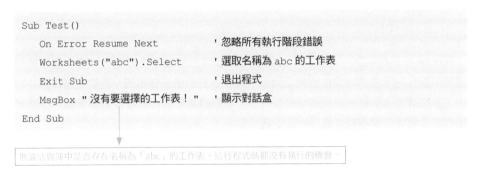

```
Sub Test()
    On Error Resume Next        '忽略所有執行階段錯誤
    Worksheets("abc").Select    '選取名稱為 abc 的工作表
    Exit Sub                    '退出程式
    MsgBox "沒有要選擇的工作表！"  '顯示對話盒
End Sub
```

無論活頁簿中是否存在名稱為「abc」的工作表，這行程式碼都沒有執行的機會。

7-4-3 On Error GoTo 0

使用 On Error GoTo 0 語法後，將關閉對程式中執行階段錯誤的捕捉。如果程式在 On Error GoTo 0 語法後出現執行階段錯誤，將不會再被捕捉到。

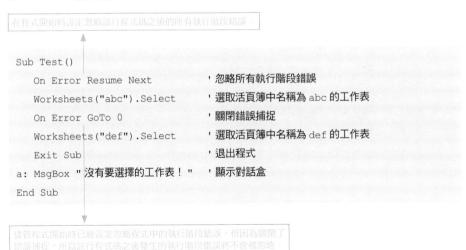

在程式開始時，設定忽略該行程式碼之後的所有執行階段錯誤

```
Sub Test()
    On Error Resume Next        '忽略所有執行階段錯誤
    Worksheets("abc").Select    '選取活頁簿中名稱為 abc 的工作表
    On Error GoTo 0             '關閉錯誤捕捉
    Worksheets("def").Select    '選取活頁簿中名稱為 def 的工作表
    Exit Sub                    '退出程式
a:  MsgBox "沒有要選擇的工作表！"  '顯示對話盒
End Sub
```

儘管程式開始時已經設定忽略程式中的執行階段錯誤，但因為關閉了錯誤捕捉，所以該行程式碼之後發生的執行階段錯誤將不會被忽略。

7-5 | 養成好習慣，讓程式跑得更快一些

在 VBA 中也是如此，要解決一個問題，可以使用的程式碼可能有多種。但不同的程式碼執行時所需的時間也不完全相同。既然得到的結果都相同，我當然選擇需時短的。要想讓自己編寫的程式跑得更快一些，需要養成一些程式設計的好習慣。下面就讓我們來看看如何讓程式執行的時間短一點。

7-5-1 在程式中合理使用變數

1 · 宣告變數為合適的資料類型

不同的資料類型佔用的記憶體空間也不相同，可用記憶體空間的大小直接影響電腦處理資料的速度。因此，為了提高程式的執行效率，在宣告變數時，應該儘量選擇佔用位元組少且又滿足需求的資料類型。

2 · 儘量避免使用 Variant 類型的變數

Variant 是 VBA 中一種特殊的資料類型，所有沒有宣告資料類型的變數預設都是 Variant 類型。但是，Variant 類型需要的存儲空間遠遠大於 Byte、Integer 等其他資料類型，所以除非必要，否則應避免宣告變數為 Variant 類型。

3 · 不要讓變數一直待在記憶體中

如果一個變數只在一個程序中使用，請不要將它宣告為公開變數，儘量減少變數的作用區域，這是一個好習慣。如果不再需要使用某個變數（尤其是物件變數），請記得釋放它，不要讓它一直呆在記憶體中。例如：

```
Sub Test()
    Dim rng As Range                        '定義一個 Range 類型的變數
    Set rng = Worksheets(1).Range("A1:D100")     '為變數指定值
    rng = 200                               '使用變數操作物件
    Set rng = Nothing                       '設定變數 rng 不儲存任何物件或值
End Sub
```

> 將 Nothing 指定值給一個物件變數後，該變數不再引用任何物件。語法為：Set 物件變數名稱 = Nothing。

7-5-2 不要用長程式碼多次重複引用相同的物件

無論是引用物件,還是叫出物件的方法或屬性,都會用到點 (.) 運算子,每次執行
這些程式碼,電腦都會對程式碼中的每個點運算子進行解析。例如:

```
Sub Test()
    ThisWorkbook.Worksheets(1).Range("A1").Clear
    ThisWorkbook.Worksheets(1).Range("A1").Value = "Excel Home"
    ThisWorkbook.Worksheets(1).Range("A1").Font.Name = "新細明體"
    ThisWorkbook.Worksheets(1).Range("A1").Font.Size = 16
    ThisWorkbook.Worksheets(1).Range("A1").Font.Bold = True
    ThisWorkbook.Worksheets(1).Range("A1").Font.ColorIndex = 3
End Sub
```

在這個程式中,**ThisWorkbook.Worksheets(1).Range("A1")** 是每行程式碼都在反覆引用
的對象。出於需要,我們需要在程式中多次反復引用物件,這就不得不多次用到點運
算子。下面就讓我們來看看,在不改變程式功能的前提下,可以用什麼方法來減少程
式碼中的點運算子。

1 · 使用 With 語法簡化引用物件
當多次重複引用一個相同的物件時,可以使用 With 語法來簡化程式,With 語法我們
已經學習過了(3-10-8 小節),大家還記得吧?

如前面的程式可以改寫為:

> With 語法告訴 VBA,With 和 End With 語法間的所有操作都是
> 在 ThisWorkbook.Worksheets(1).Range("A1") 這個物件上進行。

```
Sub WithTest()
    With ThisWorkbook.Worksheets(1).Range("A1")
        .Clear
        .Value = "Excel Home"
        .Font.Name = "新細明體"
        .Font.Size = 16
        .Font.Bold = True
        .Font.ColorIndex = 3
    End With
End Sub
```

2‧借助變數在程式中引用物件

除了 With 語法，還可以使用變數來簡化對相同物件的引用。例如：

```
Sub ObjectTest ()
    Dim rng As Range
    Set rng = ThisWorkbook.Worksheets(1).Range("A1")
    rng.Clear
    rng.Value = "Excel Home"
    rng.Font.Name = " 新細明體 "
    rng.Font.Size = 16
    rng.Font.Bold = True
    rng.Font.ColorIndex = 3
End Sub
```

也可以讓變數和 With 語法搭配使用，將程式寫為：

```
Sub ObjectTest()
    Dim rng As Range
    Set rng = ThisWorkbook.Worksheets(1).Range("A1")
    With rng
        .Clear
        .Value = "Excel Home"
        .Font.Name = " 新細明體 "
        .Font.Size = 16
        .Font.Bold = True
        .Font.ColorIndex = 3
    End With
End Sub
```

7-5-3 儘量使用函數完成計算

儘管完成很多計算的程式碼都很簡單，要手動編寫也不存在多大困難。但如果針對該計算，Excel 或 VBA 已經準備好了現成的函數，就儘量使用函數來解決。使用函數解決，絕大多數都會比自己編寫程式來解決效率要高。

7-5-4 不要讓程式碼執行多餘的操作

如果你的程式是透過錄製巨集得到的，那裡面可能包含一些多餘的操作對應的程式碼。例如：

```
Sub 巨集1()
    Range("A1").Select
    Selection.Copy
    Sheets("Sheet2").Select
    Range("B1").Select
    ActiveSheet.Paste
    Sheets("Sheet1").Select
End Sub
```

這是一個複製儲存格的巨集，其中的程式碼調用了 4 次 Range 物件的 Select 方法。事實上，並不需要啟動工作表、選取儲存格後才能執行複製、貼上的操作，所以這些選取工作表和儲存格的操作都是多餘的，這個程式可以簡化為：

```
Sub 巨集1()
    Range("A1").Copy Sheets("Sheet2").Range("B1")
End Sub
```

去掉多餘的操作或計算，不僅可以讓程式更簡潔，而且程式要執行的操作減少了，執行的時間也就縮短了。

7-5-5 合理使用陣列

下面是一個把 1 到 100000 的自然數逐個寫入活動工作表 A1:A100000 儲存格區域中的程式。

```
Sub InputTxt()
    Dim start As Double
    start = Timer                        ' 取得從當天淩晨 0 點開始到程式執行時經過的秒數
    Dim i As Long
    For i = 1 To 100000
        Cells(i, "A").Value = i
    Next
    ' 程式結束的時間減開始執行時的時間即為程式執行的時間
    MsgBox " 程式執行的時間約是 " & Format(Timer - start, "0.00") & " 秒。"
End Sub
```

這個程式將在工作表中寫入 10 萬個資料，我們執行它以後，因為我的電腦配備低，花了 4.8 秒的時間，在你的電腦上花了多少時間？

很明顯，這樣的處理方式是比較費時的，讓我們換一種方式，先將這 10 萬個資料儲存在陣列中，再透過陣列一次性寫入試試，例如：

```
Sub InputArr()
    Dim start As Double
    start = Timer                        ' 取得從當天淩晨 0 點開始到程式執行時經過的秒數
    Dim i As Long, arr(1 To 100000) As Long
    For i = 1 To 100000                  ' 利用迴圈語法，將 1 到 100000 的自然數資料儲存在
陣列 arr 中
        arr(i) = i
    Next
    Range("A1:A100000").Value = Application.WorksheetFunction.
Transpose(arr)
    MsgBox " 程式執行的時間約是 "&Format(Timer - start, "0.00")&" 秒。"
End Sub
```

讓我們再執行這個程式,看看所需時間有什麼變化,如圖 7-21 所示。

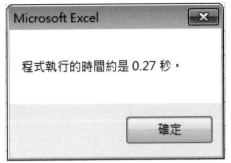

Microsoft Excel

程式執行的時間約是 0.27 秒。

確定

7-21 利用陣列將資料寫入儲存格所需的時間

天哪,只是寫入 10 萬個資料,兩種處理方式的時間就相差 20 倍以上,孰優孰劣,太明顯了。

7-5-6 如果不需要和程式互動,就關閉螢幕更新

在程式執行的過程中,如果我們不需要和程式互動,只想讓程式執行到底,直接輸出最後的結果,可以關閉螢幕更新。

關閉螢幕更新,就是設定 Application 物件的 ScreenUpdating 屬性為 False,讓程式在執行過程中不將中間的計算步驟輸出到螢幕上,這可以在一定程度上縮短程式執行的時間。

千萬不要覺得 1 秒和 0.1 秒的差距不大。

如果你的程式很短,需要執行的操作或計算不多,那程式碼是否優化,也許差別不大。但如果要處理的資料很多,進行的操作很複雜,哪怕一小段操作只能節約 0.1 秒,在一個執行大批量操作和計算的程式中,千萬個 0.1 秒累積起來的時間也是非常明顯的。

無論大家現在是否接觸到這些複雜的問題,但請相信我,從一開始就養成良好的程式設計習慣,一定會給你學習和使用 VBA,並最終成為一個 VBA 高手帶來很大的幫助。

【Office達人】2AC718X

Excel VBA職場即用255招【第二版】：
不會寫程式也能看懂的VBA無痛指導

作　　　者	ExcelHome	
責任編輯	單春蘭	
版面構成	走路花工作室	
美術編輯	走路花工作室	
封面設計	走路花工作室	
行銷企劃	辛政遠	
行銷專員	楊惠潔	
總編輯	姚蜀芸	
副社長	黃錫鉉	
總經理	吳濱伶	
發行人	何飛鵬	
出　　　版	電腦人文化	
發　　　行	城邦文化事業股份有限公司	

歡迎光臨城邦讀書花園
網址：www.cite.com.tw

香港發行所　城邦（香港）出版集團有限公司
香港灣仔駱克道193號東超商業中心1樓
電話: (852) 25086231 傳真: (852) 25789337
E-mail: hkcite@biznetvigator.com

馬新發行所　城邦（馬新）出版集團 Cite(M)Sdn Bhd
41,jalan Radin Anum,
Bandar Baru Sri Petaling,
57000 Kuala Lumpur,Malaysia.
電話: (603) 90563833 傳真: (603) 90576622
E-mail:cite@cite.com.my

印　　刷／凱林彩印股份有限公司
2024年(民113)9月二版4刷　Printed in Taiwan.
定價／420元

客戶服務中心
地址：10483 台北市中山區民生東路二段141 號B1
服務電話： (02) 2500-7718、 (02) 2500-7719
服務時間： 周一至周五9：30 ～18：00
24 小時傳真專線： (02) 2500-1990～3
E-mail：service@readingclub.com.tw
※ 詢問書籍問題前，請註明您所購買的書名及書
號，以及在哪一頁有問題，以便我們能加快處理速
度為您服務。
※ 我們的回答範圍，恕僅限書籍本身問題及內容撰
寫不清楚的地方，關於軟體、硬體本身的問題及衍
生的操作狀況，請向原廠商洽詢處理。

國家圖書館出版品預行編目資料

Excel VBA職場即用255招：不會寫程式也能看懂的
VBA無痛指導/Excel Home著. -- 二版. -- 臺北市：電
腦人文化出版：城邦文化事業股份有限公司發行, 民
110.09
　面；　公分
ISBN 978-957-2049-19-8(平裝)

1.EXCEL(電腦程式)

312.49E9　　　　　　　　　　　　　　110011767